精品课程配套教材

21世纪应用型人才培养规划教材

“双创”型人才培养优秀教材

Vue.js KAIFA JIAOCHENG

Vue.js 开发教程

主编 邓卫军 杨 梅

内容提要

本书是一本Vue入门级教材，以通俗易懂的语言，丰富实用的案例，讲解了Vue.js的相关开发技术。本书一共8章，其中第1章介绍什么是Vue.js和搭建Vue.js开发环境；第2章和第3章讲解了Vue.js的基础特性和内置指令；第4章讲解了Vue.js中的组件及组件通信；第5章讲解了Vue项目化；第6章讲解了路由插件；第7章讲解了Vue.js的Vuex状态管理；第8章结合前几章所学知识以及Node.js技术、MySQL数据库完成了一个电商类型的综合网站项目。

本书可作为高等院校计算机相关专业的Web前端开发教材，也可以作为广大计算机技术人员和编码爱好者的参考读物。

图书在版编目（CIP）数据

Vue.js开发教程/邓卫军，杨梅主编. —上海：上海交通大学出版社，2022.2

ISBN 978-7-313-26477-0

Ⅰ.①V… Ⅱ.①邓… ②杨… Ⅲ.①网页制作工具-程序设计-教材 Ⅳ.①TP393.092.2

中国版本图书馆CIP数据核字（2022）第016092号

Vue.js 开　发　教　程
Vue.js KAIFA JIAOCHENG

主　　编：邓卫军　杨　梅
出版发行：上海交通大学出版社　　地　　址：上海市番禺路951号
印　　制：三河市鑫鑫科达彩色印刷包装有限公司　　经　　销：全国新华书店
开　　本：787mm×1092mm　1/16　　印　　张：18
字　　数：471千字
版　　次：2022年2月第1版　　印　　次：2022年2月第1次印刷
书　　号：ISBN 978-7-313-26477-0
定　　价：48.00元

《Vue.js 开发教程》微课资源

1. 什么是 Vue.js　P2

2. 搭建 Vue.js 的开发环境　P8

3. 第一个 Vue.js 应用　P14

4. Vue.js 实例　P18

5. Vue.js 模板　P20

6. Vue 实例的数据、方法及生命周期　P24

7. v-model 数据双向绑定　P34

8. 计算属性　P39

9. v-for 的使用　P51

10. v-if 和 v-show 的使用和比较　P54

11. filters 过滤器的使用　P57

12. v-model 修饰符的使用　P62

13. 组件的创建与属性　P74

14. 组件的切换　P80

15. 组件中的 props 属性　P81

16. 自定义事件　P86

17. 组件中使用 v-model　P88

18. 非父子组件的通信　P90

19. 使用 slot 分发内容　P94

20. 数字输入框组件的开发　P98

21. 标签页组件的开发　P104

22. Vue cli 3. x 脚手架的安装和应用　P118

23. Vue 插件及配置文件　P124

24. 环境变量配置与静态资源处理　P128

25. 前端路由和 vue-router　P133

26. vue-router 的使用　P137

27. 动态路由　P158

28. 嵌套和命名路由　P160

29. 初识 Vuex　P172

30. vuex 五个组成部分　P174

31. vuex 实现购物车　P182

32. 项目功能展示　P198

33. 项目工程搭建　P203

34. 公共组件开发　P208

35. 页面组件开发　P228

36. 后端服务器搭建　P257

《Vue. js 开发教程》编委会

主　编　邓卫军　杨　梅

副主编　谭　凤　吕　荣　陈亚莉　金莲芳
　　　　　高建华

PREFACE

前言

为了给用户带来更好的产品体验，留存更多的意向用户，企业越来越重视前台页面的展示效果，因此Web前端开发工程师变得越来越紧缺，在企业中承担的角色也越来越重要。Web前端学习是一个先易后难的过程，主要是通过HTML、CSS、JavaScript这三个技术编写前端代码，展现前端的用户界面。

除了上面介绍的Web前端工程师必须掌握的技术之外，Web前端工程师能够在开发中熟练运用前端框架也是必不可少的，使用框架能够减少开发时间，节约成本，现在比较常用的主流框架有Vue.js、React.js和Angular.js。

前端框架可谓百家争鸣，但每一个框架的产生都是为了解决具体问题。Vue.js以渐进式切入，对不同阶段的开发者提供了不同的开发模式，由浅入深。Vue.js提供了友好的API和强大的功能，包括双向数据绑定、路由、状态管理、动画、组件化、SSR，无论是简单的页面还是复杂的系统，在可复用性、便捷性和维护性上都精益求精。

Vue.js框架是用于构建用户界面的渐进式框架，它可以自底向上逐层应用。Vue的核心库只关注视图层，上手简单而且还便于与第三方库进行整合，Vue.js的目标是通过尽可能简单的API实现响应的数据绑定和组合的视图组件。

本书一共8章，以Vue.js 2.x版本为例，介绍了Vue.js的基础特性、内置指令、组件、路由和脚手架工具，结合Vue.js+Node.js+express+MySQL实现了网上商城。其中第1章介绍了什么是Vue.js和搭建了Vue.js的开发环境；第2章介绍了Vue.js的基础特性，包含Vue实例的data数据、methods方法、生命周期、常用指令、事件修饰符以及计算属性和监听属性；第3章介绍了Vue.js的基础内置指令，Vue.js不提倡开发人员手动操作DOM，所以提供了内置指令，指令提供了一些特殊的属性，将指令绑定在元素上时，指令会为绑定的目标元素添加一些特殊的行为，不需要开发人员再手动操作DOM，极大地方便了开发人员；第4章讲解了Vue.js中的组件，组件是Vue.js中非常核心的内容，组件的出现，就是为了拆分Vue实例的代码量，能够让开发人员以不同的组件，来划分不同的功能模块，方便UI组件的重用；第5章讲解了Vue.js项目的搭建，Vue CLI是一个基于Vue.js进行快速开发的完整系统，其致力于将Vue.js生态中的工具基础标准化，它确保了各种构建工具能够基于智能的默认配置即可平稳衔接，这样开发人员可以专注在撰写应用上，而不必纠结配置问题；第6章讲解了Vue.js的路由，Vue.js中的路由借助的是第三方插件vue-router；第7章讲解了Vue.js的Vuex状态管理，Vuex是一个专为Vue.js应用程序开发的状态管理模式，它采用集中式存储管理应用的所有组件的状态，并以相应的规则保证状态以一种可预测的方式发生变化；第8章结合前几章所学知识以及Node.js、MySQL完成了网上商城的项目。

由于作者的水平有限，书中难免会出现不准确的地方，恳请读者批评指正。

编者

2022年1月

CONTENTS

目录

第 1 章　Vue. js 入门

作为一名 Web 前端开发工程师，其主要职能是将网站的界面更好地呈现给用户。随着互联网技术的爆发，越来越多的前端开发技术如雨后春笋般出现，在众多的 JavaScript 前端框架中，Vue. js 无疑是最出色的(曾经一项针对 JavaScript 的调查表明，Vue. js 有着 89%的开发者满意度)。相比其他前端框架，如 Angular 和 React，Vue. js 框架在实现上更容易，程序员上手更快。使用 Vue. js 技术不仅提高了开发的效率，也改善了开发的体验，因此，熟练掌握 Vue. js 前端框架已经成为 Web 前端开发工程师的必备技能。本章将介绍 Vue. js 有关的一些概念和技术，并帮助读者了解它们背后的工作原理，同时构建第一个 Vue. js 应用。

本章的学习重点

- MVVM 模式
- 什么是 Vue. js
- Vue. js 开发环境的搭建方法
- 创建 Vue. js 应用

引导案例

近年来，前端开发技术迅猛发展，差不多每年都会冒出一款主流的框架。每次启动新项目时，首先第一件事就是考虑：使用什么前端框架？在移动端还没有兴起的时候，开发人员没有什么选择，就是 jQuery，它是一个封装了 JavaScript 的框架，但那个时候前端的业务还没有当下这么繁重，如今，很多后端干的事情，全部移到前端来实现，若还是使用 jQuery，就会衍生出很多问题。随着框架技术的发展，选择框架时，功能是否丰富、文档是否齐全及上手是否容易等都成了考量点，那么，在众多框架中，开发人员到底如何选择呢？

案例思考

Vue. js、Angular. js 及 React. js 是目前三大主流框架，其中，Vue. js 是当下最火的框架。Vue. js 兼具 Angular. js 和 React. js 的优点，并剔除了它们的缺点，被授予了这么高的评价的 Vue. js，也是开源世界华人的骄傲，因为它的作者是位中国人。Vue. js 是一个基于 JavaScript 的 MVVM 库，是一套构建用户界面的渐进式框架。它是以数据驱动和组件化的思想构建的，采用自底向上增量开发的设计。Vue. js 提供了更加简洁、更易于理解的 API，使得开发人员能够快速地上手并使用 Vue. js。那么，它到底有些什么特性呢？如何搭建 Vue. js 的开发环境呢？

1.1 Vue.js 是什么

Vue.js 的官方文档(https://cn.Vue.js.org)中是这样介绍它的：简单小巧的核心、渐进式技术栈，足以应付任何规模的应用。

简单小巧是指 Vue.js 体量轻，压缩后大小仅有 33KB；而渐进式，是指程序员可以一步一步、有阶段性地使用 Vue.js，无须项目一开始就使用所有的东西。使用 Vue.js 可以让 Web 开发更加简单，同时有别于传统的前端开发模式，它提供了时下 Web 开发中常见的高级功能，如前端路由、可复用组件、状态管理等，这也正是 Web 前端开发者们热爱 Vue.js 的主要原因。

1.1.1 Vue.js 的历史由来

Vue.js 的作者是来自中国无锡的尤雨溪，下面引用一段专访他时的谈话：

“我在 Google 的工作需要在浏览器上进行大量原型设计，于是我想要尽快获得有形的东西。当时有些项目使用了 Angular，Angular 提供了一些用数据绑定和数据驱动来处理 DOM 的方法，所以你不必自己碰 DOM。它也有一些副作用，就是按照它规定的方式来构建代码，对于当时的场景而言实在是太重了。我想，我可以只把我喜欢的部分从 Angular 中提出来，建立一个非常轻巧的库，不需要那些额外的逻辑。我也很好奇 Angular 的源码到底是怎么设计的，我最开始只是想着手提取 Angular 里面很小的功能，如声明式数据绑定，Vue 大概就是这么开始的。用过一段时间之后，我感觉我做的东西还有点前途，因为我自己就很喜欢用，于是我花了更多的时间把它封装好，取了一个名字叫作 Vue.js。2014 年 2 月，我第一次将它作为实际的项目发布在 Github 上，并把链接发送到了 Hacker News 上，它就被顶到了首页，然后它在首页待了好几个小时。后来，我写了一篇文章，分享了 Vue 第一周的使用数据以及我的感受。那是我第一次看见这么多人在 Github 上为一个项目打星星，我当时一个星期收获了好几百个星星，整个人都激动坏了。”

引自 2017 年 3 月 30 日尤雨溪专访谈话“Between the Wires: An interview with Vue.js creator Evan You”。

Vue.js 发布到 Github 上后，平均每天能收获 95 颗星，为 Github 上有史以来星标数最多的第十个项目，之后，Vue.js 成为 Github 上最受欢迎的开源项目之一。2016 年 9 月 3 日，在南京的 JSConfChina 大会上，尤雨溪正式宣布加盟阿里巴巴 Weex 团队，并称他将以技术顾问的身份来做 Vue.js 和 Weex 的 JavaScript Runtime 整合，目标是让开发者能用 Vue.js 的语法跨三端(桌面、Web 和手机)进行开发。

1.1.2 Web 前端技术的发展简史

Web 前端主要使用 HTML、CSS 和 JavaScript 作为基础语言，它们分别用来实现网页的结构、样式和行为。HTML 主要用来编写网页的结构，如<body></body>表示网页的正文。CSS 则是网页的化妆师，它包括颜色、大小、字体等样式，用来实现页面漂亮、布局合理的效果。JavaScript 主要用来实现页面逻辑、行为和动作等，用来动态操作 HTML 元素的属性，为页面提供交互效果，实现更好的用户体验。随着大型交互式项目的兴起，代码逻辑越来越烦琐，需要编写大量的 JavaScript 代码来操作 DOM，同时还要处理浏览器的兼容问题，为了提高开发效率，进而出现了 jQuery 库。后来随着移动端技术的发展，如何构建单页应用迫在眉睫，

为了更方便地开发这类应用，市面上出现了 Angular、React、Vue. js 等框架。下面详细介绍各类技术的发展。

1. 静态页面阶段

1990 年 12 月 25 日，恰是西方的圣诞节，Tim Berners-Lee 在他的 NeXT 电脑上部署了第一套“主机—网站—浏览器”构成的 Web 系统，这标志着 B/S 架构的网站应用软件的开端，也是前端工程的开端。

1993 年 4 月，Mosaic 浏览器作为第一款正式的浏览器发布。1994 年 11 月，Navigator 浏览器发布。1994 年年底，W3C 在 Berners-Lee 的主持下成立，标志着万维网进入了标准化发展的阶段。

这个阶段的网页还非常的原始，主要以 HTML 为主，是纯静态的只读网页。

2. JavaScript 诞生及第一次浏览器战争

1995 年，NetScape 公司的工程师 Brendan Eich 设计了 JavaScript 脚本语言，并集成到了 Navigator2. 0 版本中。随后微软也意识到了 JavaScript 的潜力，并模仿开发 VBScript 和 JScript 应用到了 IE 中，这直接开启了 NetScape 和微软的浏览器竞争。

由于微软的 IE 集成在 Windows 操作系统上的优势，NetScape 的 Navigator 很快在浏览器市场上落于下风。于是他们把 JavaScript 提交到了 ECMA，推动制定了 ECMAScript 标准，成功实现了 JavaScript 的标准国际化。虽然第一次浏览器战争最后 IE 大胜 Navigator，但是 NetScape 的 JavaScript 主导了 W3C 的官方标准。

3. 动态页面的发展

JavaScript 在诞生之初，就给网页带来了一些跑马灯、浮动广告之类的特效和应用，让网页动了起来。但是网页真正开始向动态交互发展的开端，却是 PHP、JSP 和 ASP 为代表的后端动态页面技术的出现。这些服务器端的动态页面技术的面世，使得网页可以获取服务器的数据信息并保持更新，推动了 Google 为代表的搜索引擎和各种论坛的出现，万维网开始快速发展。

服务器端网页动态交互功能的不断丰富，伴随的是后端逻辑的复杂度快速上升，代码越来越复杂。为了更好地管理后端逻辑，出现了大量后端的 MVC 框架。

4. Ajax 的流行开启 Web2. 0 时代

2004 年前的动态页面都是由后端技术驱动的，虽然实现了动态交互和数据即时存取，但是每一次的数据交互都需要刷新一次浏览器。频繁的页面刷新非常影响用户的体验，这个问题直到 Google 于 2004 年应用 Ajax 技术开发的 Gmail 和 Google 地图的发布，才得到了解决。

这背后的秘密就是 Ajax 技术实现了异步 HTTP 请求，这让页面无须刷新就可以发起 HTTP 请求，用户也不用专门等待请求的响应，而是可以继续网页的浏览或操作。Ajax 开启了 Web2. 0 的时代。

5. 前端兼容性框架的出现

NetScape 在第一次浏览器之战中败给了 IE 之后，创办了 Mozilla 技术社区，然后该社区发布了遵循 W3C 标准的 firefox 浏览器，和 Opera 浏览器一起代表 W3C 阵营与 IE 开始了第二次浏览器战争。

不同的浏览器技术标准有不小的差异，不利于兼容开发，这催生了 Dojo、Mooltools、YUIExtJS、jQuery 等前端兼容框架，其中 jQuery 应用最为广泛。

6. HTML5 的出现及第二次浏览器战争

Mozilla 和 Opera 在 2004 年 6 月提议 W3C 扩展 HTML 和 DOM 的 Web Forms 2. 0 草案被否

决后，一些浏览器厂商便成立了网页超文本应用技术工作小组(WHATWG)，提出了 Web Applications 1.0 规范草案，这两种规范后来合并成为 HTML5。W3C 在 2007 年接纳了 HTML5 草案规范，并成立了新的 HTML 工作团队，在 2008 年 1 月 22 日，HTML5 正式草案发布。

在 HTML5 新规范的指引下，各个浏览器厂商都为了支持 HTML5 而不断改进浏览器，第二次浏览器战争走向了良性竞争。值得注意的是，Google 以 JavaScript 引擎 V8 为基础研发的 Chrome 浏览器发展迅猛。2014 年 10 月 28 日，W3C 正式发布 HTML5.0 推荐标准。

7. Node. js 爆发

2009 年，Ryan Dahl 以 Chrome 的 V8 引擎为基础开发了基于事件循环的异步 I/O 框架——Node. js。

Node. js 使得前端开发人员可以利用 JavaScript 语言开发服务器端程序，深受前端开发人员的欢迎。很快，大量的 Node. js 使用者就建构了一个用 NPM 包管理工具管理的 Node. js 生态系统。Node. js 也催生了 Node. webkit 等项目，拓展了 JavaScript 开发跨平台的桌面软件的能力。

8. 前端 MV * 架构及 SPA 时代的开启

随着各大浏览器纷纷开始支持 HTML5，前端能够实现的交互功能增多，相应的代码复杂度也快速提高，以前用于后端的 MV * 框架也开始出现在前端部分。从 2010 年 10 月出现的 Backbone 开始，Knockout、Anjular、Ember、Meteor、Vue 相继出现。这些框架的运用，使得网站从 Web Site 进化成了 Web App，开启了单 页面 Web 应用(single page application，SPA)的时代。

9. 移动 Web 和 Hybrid App

随着智能手机的发展，移动端成了重要的信息和流量端口，为了满足不同移动端浏览器的兼容需求，发展出了 jQuery Mobile、Sencha Touch、Framework7 等框架。

Hybrid 技术指的是利用 Web 开发技术，调用 Native 相关的 API，实现移动与 Web 的有机结合，既能利用 Web 开发周期短的优势，又能为用户提供 Native 的体验。

Native App 的性能和 UI 体验依然比移动 Web App 要好，但移动 Web 开发成本低、跨平台、发布周期短的特点不容忽视，未来可期。

10. ECMAScript 6. 0

2015 年 6 月，ECMAScript 6.0 发布，该版本增加了很多新的语法，极大地拓展了 JavaScript 的开发潜力。由于浏览器 ES6 语法的支持滞后，出现了 Babel 和 TypeScript 来把 ES6 代码编译成 ES5 等现有浏览器支持的代码。

ES6 现已更名为 ES2015，以后每年会发布新的 ES 标准，这标志着 JavaScript 的发展将会更快。

今天的前端技术已经形成了一个大的技术系统：以 Github 为代表的代码管理仓库；以 NPM 和 Yarn 为代表的包管理工具；ES6 及 Babel 和 TypeScript 构成的脚本体系；HTML5；CSS3 和相应的处理技术；以 React、Vue、Anjular 为代表的框架；以 Webpack 为代表的打包工具；以 Node. js 为基础的 Express 和 KOA 后端框架；Hybrid 技术。在这些技术的加持下，Web 项目的开发效率更高，代码更容易复用，项目的可维护性更强，团队的协同开发更好。

近年来，随着微信小程序和支付宝小程序的发展，前端技术早已超脱了 Web 和 Hybrid 应用的范围。前端开发工程师很容易基于固有技术栈快速上手和开发小程序类微应用，可以预见，未来的前端和前端衍生技术遍布很有可能从 Web 到桌面应用，从 PC、移动端到智能电视、游戏机等各个平台。

1.1.3 从 MVC 模式到 MVVM 模式

MVC、MVP 和 MVVM 这些架构模式都是为了解决开发过程中的实际问题而提出来的，它们目前作为主流的几种架构模式而被广泛使用。

1. MVC 模式

作为架构模式中最出名并且应用最广泛的架构模式，MVC(Model View Controller)并没有一个明确的定义，网上流传的 MVC 架构图也是形态各异。不过多个框架以及书籍对 MVC 的理解有一点是完全相同的，也就是它们都将整个应用分成 Model(模型)、View(视图)和 Controller(控制器)三个部分。

MVC 允许在不改变视图的情况下改变视图对用户输入的响应方式，用户对 View 的操作交给了 Controller 处理，在 Controller 中响应 View 的事件调用 Model 的接口对数据进行操作，一旦 Model 发生变化便通知相关视图进行更新。所有通信都是单向的。

MVC 使用非常广泛，例如 JavaEE 中的 SSH 框架(Struts+Spring+Hibernate)、ASP. NET 中的 ASP. NET MVC 框架。如图 1-1 所示即为经典的 MVC 模式。

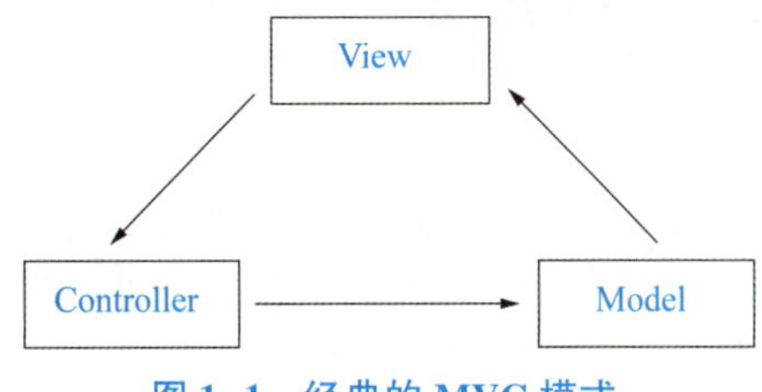

图 1-1　经典的 MVC 模式

2. MVP 模式

MVP(Medel View Presenter)模式将 MVC 中的 Controller 改名为 Presenter(呈现)，同时改变了通信方向，完全切断了 View 与 Model 之间的联系。View 与 Model 不发生联系，都通过 Presenter 传递。View 非常薄，不部署任何业务逻辑，称为“被动视图”(Passive View)，即没有任何主动性，而 Presenter 非常厚，所有逻辑都部署在那里。各部分之间的通信都是双向的。

例如，. NET 程序员熟悉的 ASP. NET 中的 Web Forms 技术即支持 MVP 模式，因为事件驱动的开发技术使用的就是 MVP 模式。如图 1-2 所示为经典的 MVP 模式。

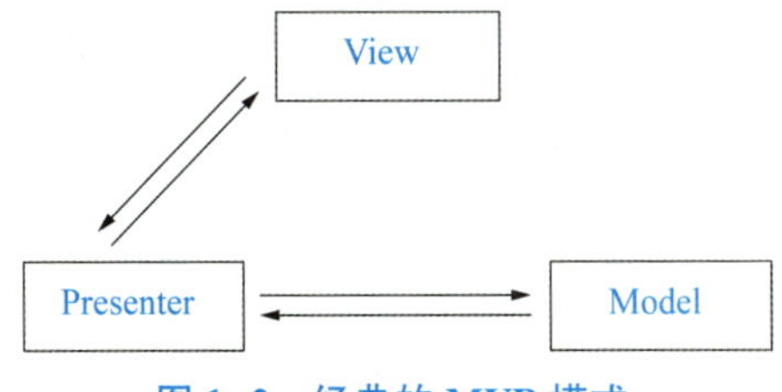

图 1-2　经典的 MVP 模式

3. MVVM 模式

MVVM(Model View ViewModel)是一个 MVC 的增强版，正式连接了视图和控制器，并将表示逻辑从 Controller 移出放到一个新的对象里，即 ViewModel。MVVM 模式采用双向绑定(data-binding)：View 的变动，自动反映在 ViewModel，反之亦然。它实现了 View 和 Model 的自动同步，即当 Model 的属性改变时，我们不用再自己手动操作 Dom 元素来改变 View 的显示，而是改变属性后该属性对应的 View 层显示会自动改变。

与知名前端框架 Angular 和 Ember 一样，Vue.js 在设计上也采用 MVVM 模式，相比于 Angular，Vue.js 提供了更加简洁、更易于理解的 API，使得我们能够快速地上手并使用 Vue.js。

在 Vue.js 中，其 HTML 部分相当于 View 层，data 相当于 Model 层，而 ViewModel 层的核心是 Vue.js 中的双向数据绑定，即 Model 变化时 View 可以实时更新，View 变化也能让 Model 发生变化。

整体看来，MVVM 比 MVC 精简得多，不仅简化了业务与界面的依赖，还解决了数据频繁更新的问题，不再使用选择器操作 DOM 元素。因为在 MVVM 中，View 不知道 Model 的存在，Model 和 ViewModel 也观察不到 View，这种低耦合模式提高了代码的可复用性。

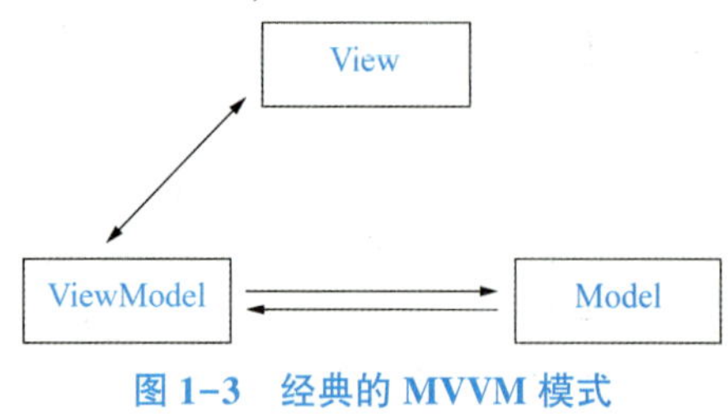

图 1-3　经典的 MVVM 模式

与 MVC 不同的是，MVC 是系统架构级别的，而 MVVM 是用于单页面应用的。因此，MVVM 的灵活性要远远大于 MVC，MVVM 模式是组件化开发的最佳实践。如图 1-3 所示为经典的 MVVM 模式。

1.1.4　Vue.js 简介

Vue.js(简称 Vue，读音/vjuː/，类似于 view)是一套用于构建用户界面的渐进式 JavaScript 框架。对比其他大型框架，不同之处在于 Vue.js 被设计为可以自底向上逐层应用。其他大型框架往往项目一开始就对技术方案进行强制性的要求，而 Vue.js 的核心库只关注视图层，不仅易于上手，还便于与第三方库或既有项目整合，开发人员既可以选择使用 Vue.js 来开发一个全新项目，也可以将 Vue.js 引入现有的项目中。此外，当 Vue.js 与现代化的工具链以及各种支持类库结合使用时，也完全能够为复杂的单页应用(SPA)提供驱动。工具链是指在前端开发过程中用到的一系列工具，例如，使用脚手架工具创建应用，使用依赖管理工具安装依赖包，以及使用构建工具进行代码编译等。Vue.js 的数据驱动是通过 MVVM 模式来实现的，其基本工作原理如图 1-4 所示。

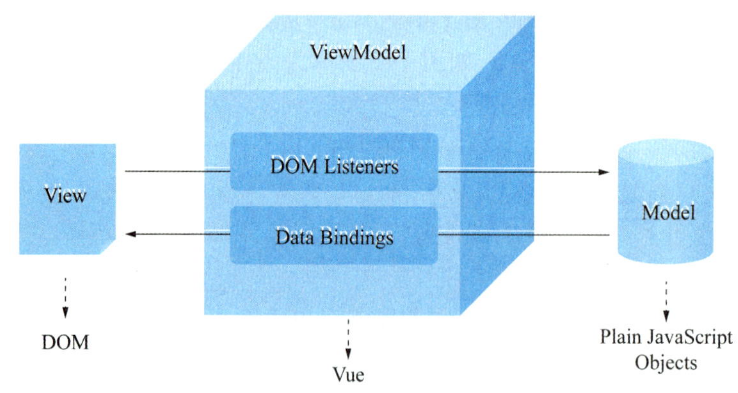

图 1-4　Vue.js 的基本工作原理

从图 1-4 中可以看出，Vue.js 是基于 MVVM 框架的，其中 View 层指的是视图部分，即 HTML 文档的 DOM 元素，负责视图的处理；Model 层指的是数据部分，主要负责业务数据存取；ViewModel 层是 Vue.js 的核心，是连接视图与数据的数据模型，负责监听 Model 或者 View 的修改，它实质上是一个 Vue.js 实例。Vue.js 的目标是通过尽可能简单的 API 实现响应

的数据绑定和组合的视图组件。

当创建了 ViewModel 实例后，双向绑定的过程分为以下几步：

(1)图 1-4 中的 DOM Listeners 和 Data Bindings 是实现双向绑定的关键。

(2)从 View 看，ViewModel 中的 DOM Listeners 工具会帮我们监测页面上 DOM 元素的变化，如果有变化，则更改 Model 中的数据。

(3)从 Model 看，当更新 Model 中的数据时，Data Bindings 工具会更新页面中的 DOM 元素。

Vue. js 与其他框架相比有什么优势呢？与 jQuery、React、Angular 等框架相比，Vue. js 最为轻量化，而且已经形成了完整的一套生态系统，可以快速迭代更新。作为前端开发人员的首选入门框架，Vue. js 的优势包括以下几方面：

(1)轻量级框架：体积小，压缩后只有 33KB。

(2)组件化开发：组件是 Vue. js 最强大的特性之一。为了更好地管理一个大型的应用程序，往往需要将应用切割为小而独立、具有复用性的组件。在 Vue. js 中，组件是基于 HTML 元素的拓展，可方便地自定义其数据与行为，使代码编写量大大减少，读者更加易于理解。

(3)双向数据绑定：即当数据发生变化的时候，视图也就随之发生变化；当视图发生变化的时候，数据也会跟着同步变化。这是 Vue. js 框架的精髓之处，尤其是在进行表单处理时，双向数据绑定非常方便。

(4)响应式设计：专注于显示前端效果的 Vue. js，其本身提供的大多数控件和内容都是基于 响应式的设计，不仅如此，为了方便众多开发者的使用，Vue. js 衍生出了很多美观又简洁的 UI 组件库，这使网页在各种设备上都能显示出非常好看的效果。

(5)更高的运行效率：基于虚拟 DOM，一种可以预先通过 JavaScript 进行各种计算，把最终的 DOM 操作计算出来并优化的技术，由于这种 DOM 操作属于预处理操作，并没有真实的操作 DOM，所以叫作虚拟 DOM。

(6)生态丰富，学习成本低：Vue. js 包括很多以“v-”开头的内置指令作用于 HTML 元素，也可以自定义指令。指令提供了一些特殊的特性，将指令绑定在 HTML 元素上时，指令会给绑定的元素添加一些特殊的行为。还可以应用插件对 Vue. js 框架的功能进行扩展，常用的扩展插件有 vue-router、Vuex 等。

随着前端技术的不断发展，前端开发能够处理的业务越来越多，网页也变得越来越强大和动态化，这些进步都离不开 JavaScript。Vue. js 是一款友好的、多用途且高性能的 JavaScript 框架，它能够帮助读者创建可维护性和可测试性更强的代码库。Vue. js 是渐进式的 JavaScript 框架，也就是说，如果已经有了现成的服务端应用，可以将 Vue. js 作为该应用的一部分嵌入其中，带来更加丰富的交互体验。或者如果希望将更多业务逻辑放到前端来实现，那么 Vue. js 的核心库及其生态系统也可以满足各式需求。推荐将 Vue. js 使用到具有复杂交互逻辑的前端应用中，以确保用户的体验效果。

1.2　搭建 Vue. js 开发环境

为了让读者快速上手 Vue. js 项目开发，本节对 Vue. js 的开发环境搭建以及常用工具的使用进行讲解，并通过 Hello World 实例演示 Vue. js 的基本使用。

1.2.1　WebStorm 编辑器

众所周知，一款好的代码编辑器将是项目开发的利器，好用的代码编辑器不仅可以极大

地提高开发效率，还可以提升开发者的心情。

代码编辑器总体上可以分为以下两类：

1. 提供基本的文字输入和显示的代码编辑器

这一类代码编辑器体量较小，启动迅速，占用较小内存，并不针对某一种语言或特定使用环境，只有简单的代码高亮等基本功能，这类编辑器的代表就是 Notepad、EditPlus 等。

2. 集成开发环境 IDE

集成开发环境(integrated development environment，IDE)是用于提供程序开发环境的应用程序，一般包括代码编辑器、编译器、调试器和图形用户界面等工具，集成了代码编写功能、代码分析调试功能、编译功能等一体化的开发软件服务套。如 Visual Studio、Eclipse 等都是常用的 IDE。

当然，由于每个人的使用习惯和爱好有所不同，在真实的开发团队中，开发者可以选择适合自己的 IDE。

对于 Vue.js 初学者而言，选择一款合适的 IDE 尤为重要，出自 JetBrains 公司的 WebStorm 无疑是一款较好的智能 IDE，其官方网站为 http://www.jetbrains.com/webstorm/，点击主页上的【Download】可以下载 WebStorm，如图 1-5 所示。

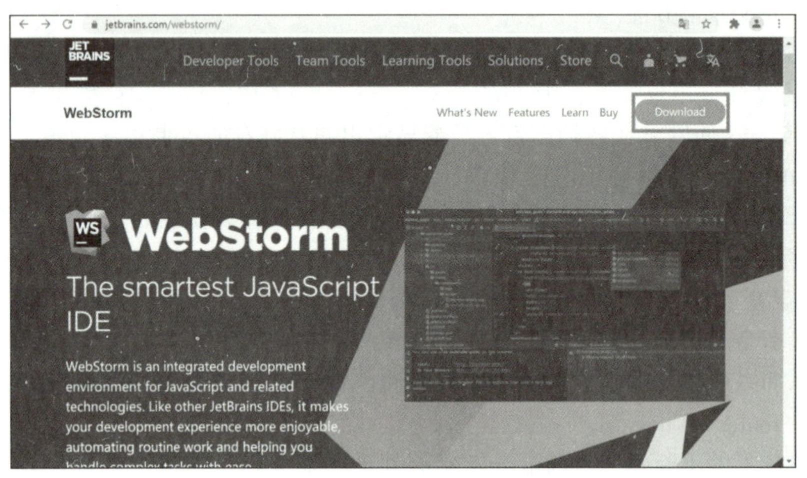

图 1-5 WebStorm 官方网站

WebStorm 是一款专业级的代码编辑工具，被誉为“Web 前端开发神器”“最智能的 JavaScript IDE”等众多称号，WebStorm 这个 IDE 环境对 JavaScript 的支持非常强大，有智能提示、断点调试、智能代码导航等功能，并且支持 Node.js 以及 jQuery 等。目前，WebStorm 较新的版本是 WebStorm 2021。读者可以自行下载安装最新版本，本书不介绍 WebStorm 的安装流程。

1.2.2 Vue.js 的下载和引入

由于 Vue.js 是一个轻量级、渐进式的 JavaScript 框架，开发者可以在原有项目中“直接引入”Vue.js。但是若要开发全新的 Vue.js 项目，建议使用项目构建工具 Vue CLI，它可以帮助开发者快速构建一个“开箱即用”的大型单页应用，并提供优秀的构建配置，这种方式下，开发者只需要关注业务本身和核心代码的编写就可以了，后面的章节中将详细介绍如何通过 Vue CLI 构建项目。

下面介绍如何下载独立版本“直接引入”Vue.js：

(1)打开官网(https://cn.vuejs.org/)首页，选择【学习】菜单下的【教程】，如图 1-6 所示。

(2)单击教程左边导航栏中的【安装】，如图 1-7 所示。

图 1-6　Vue. js 官方网站首页

图 1-7　Vue. js 官方教程

(3)在教程右边窗格中单击【开发版本】或【生产版本】即可下载对应文件，如图 1-8 所示。Vue. js 目前有 1. x、2. x 和 3. x 版本，本书使用 2. x 版本。项目开发过程中使用开发版本 vue. js，产品上线使用生产版本 vue. min. js。打开下载后的 Vue. js 文件，在代码开头的注释中可以查看版本号。

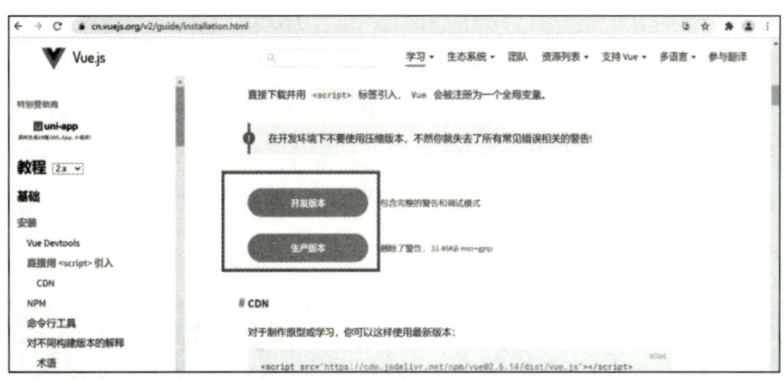

图 1-8　下载 Vue. js 开发版或生产版

(4)在 HTML 页面中使用 Vue. js 时，通过<script>标签可以“直接引入”Vue. js 核心文件，代码如下所示：

```
<script src="vue.js"></script>
```

上述代码表示引入当前路径下的 Vue. js 文件，Vue. js 相当于 JavaScript 中的一个库。

除了采取上述下载 . js 文件方式引入 Vue. js 之外，还可以不下载 . js 文件直接使用内容分发系统(content delivery network，CDN)引入 Vue. js。CDN 能够实时地根据网络流量和各节点的连接、负载情况以及到用户的距离和响应时间等综合信息，将用户的请求重新导向到离用户最近

的服务节点上。其目的是使用户可以就近获取访问内容，避免网络拥塞，提高响应速度。有许多的网络服务商或网站云主机商提供这类服务，从收费到免费有各种不同形式，这里推荐一个由 BootStrap 中文网运作的免费开源的 CDN 加速服务，其地址为 http：//www. bootcdn. cn/，进入主页后，在搜索框中搜索 vue. ，网站会提供 Vue. js 及与其相关的开源 JavaScript 组件供开发者选择。在页面上单击 vue 选项，可以看到 bootcdn 提供了 Vue. js 的最新版本和所有历史版本，为了方便开发者使用，bootcdn 提供了两种复制方式，如图 1-9 所示。

图 1-9　bootcdn 网站上的 Vue. js 资源

找到对应版本后，点击【复制<script>标签】，在 HTML 页面中粘贴标签，即可完成 Vue. js 的引入，代码如下所示：

```
<script src="https://cdn.bootcdn.net/ajax/libs/vue/2.6.4/Vue.js"></script>
```

1. 2. 3　Node. js 环境

除了使用 1. 2. 2 节中的两种方式引入 Vue. js 外，还可以使用 npm 安装 Vue. js 框架。若要使用 npm，则需要先安装 Node. js。

Node. js 是一个 JavaScript 运行环境，它由 Ryan Dahl 于 2009 年 5 月发布，实质上是对 Chrome V8 引擎进行了封装，可以让 JavaScript 运行在服务器端。Node. js 的官方网站（https：//nodejs. org/en/）提供了最新版本的下载，也提供了大量的文档和示例程序，截至 2021 年 7 月，Node. js 的最新版本为 V14. 17. 4，如图 1-10 所示。

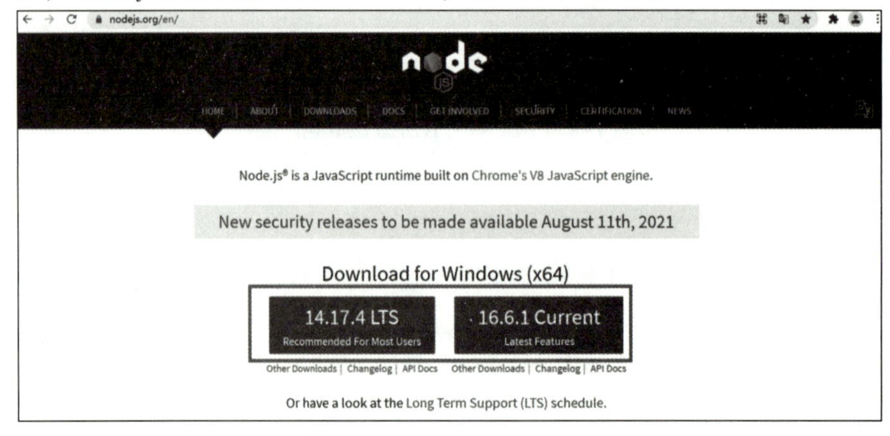

图 1-10　Node. js 官方网站

从图 1-10 中可以看出，Node. js 有两个版本：提供长期支持（long term support，LTS）版本，该版本较为稳定，推荐下载；当前发布的最新版本 Current，它增加了一些新特性，有利于进行新技术的开发使用。读者可以自行下载安装，本书不介绍 Node. js 的安装过程。安装完成后，打开 Windows 的 cmd 窗口，输入 node -v 命令，查看 node 的版本，若出现相应的版本号，则说明安装成功了。

1. 2. 4　npm 包管理器

npm（node package manager）是 Node. js 默认的包管理工具，用来解决 Node. js 代码部署问题，安装 Node. js 时会自动安装相应的 npm 版本，无须单独安装。

npm 完全用 JavaScript 编写，它可以管理本地项目所需要的模块并自动维护依赖情况，也可以管理全局安装的 JavaScript 工具。使用 npm 包管理工具可以解决如下场景的需求：

（1）从 npm 服务器下载第三方包或命令程序。

（2）将自己编写的包或命令程序上传到 npm 服务器。

下面列举了 npm 中常用的命令：

（1）npm install：安装项目需要的全部包，需要配置 package. json 文件。

（2）npm uninstall 包名：卸载指定名称的包。

（3）npm install 包名：安装指定名称的包，后面可以跟参数“--save”表示本地安装，“-g”表示全局安装。

（4）npm update 包名：更新指定名称的包。

（5）npm start：项目启动。

打开 Windows 的 cmd 命令窗口，执行命令：npm install vue 即可安装 Vue. js，如图 1-11 所示。

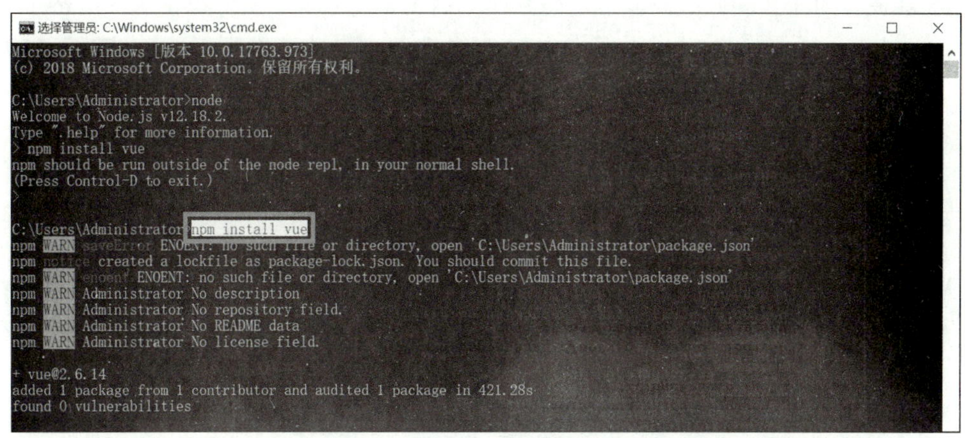

图 1-11　使用 npm 安装 Vue. js

继续输入命令：npm info vue，可以查看 vue 模块的信息，如图 1-12 所示。

由于 npm 的仓库源布置在国外，资源传输速度较慢，读者也可以使用淘宝镜像源的 cnpm。

（1）安装 cnpm。

```
npm install -g cnpm --registry=https://registry.npm.taobao.org
```

（2）使用 cnpm 安装 Vue. js。

```
cnpm install vue
```

```
C:\Users\Administrator>npm info vue

vue@2.6.14 | MIT | deps: none | versions: 337
Reactive, component-oriented view layer for modern web interfaces.
https://github.com/vuejs/vue#readme

keywords: vue

dist
.tarball: https://registry.npmjs.org/vue/-/vue-2.6.14.tgz
.shasum: e51aa5250250d569a3fbad3a8a5a687d6036e235
.integrity: sha512-x2284lgYvjOMj3Za7kqzRcUSxBboHqtgRE2zlos1qWaOye5yUmHn42LB1250NJBLRwEcdrBOJRwyPTEPhfQjiQ==
.unpackedSize: 3.0 MB

maintainers:
- posva <posva13@gmail.com>
- yyx990803 <yyx990803@gmail.com>

dist-tags:
beta: 3.2.0-beta.7  csp: 1.0.28-csp  latest: 2.6.14  next: 3.1.5

published 2 months ago by posva <posva13@gmail.com>

C:\Users\Administrator>
```

图 1-12　使用 npm 查看 vue 模块信息

在用 Vue.js 构建大型应用时推荐使用 npm 安装，npm 可以迅速进行 Vue.js 的使用和升级，不用担心由此造成的版本混乱，还可以很好地和 Webpack 等模块打包器配合使用。

1.2.5　Vue-devtools 扩展工具

在 Vue.js 学习和开发之前，建议在浏览器上先安装 Vue-devtools 扩展程序（即插件）。浏览器是开发和调试 Web 项目必不可少的工具，目前市面上的主流浏览器都有各自的优势和劣势，本书推荐使用 Google Chrome 浏览器。

所有的代码都是在不断调错过程中逐步完善的，因为 Vue.js 本身就是打包到生产环境的 JavaScript 代码，对于代码调试而言不是很方便，而 Vue-devtools 插件提供了一个界面，用于调试 Vue.js 应用，可以帮助开发者查看 Vue.js 组件和全局状态管理器 Vuex 中记录的数据。使用时只需下载官方压缩包，配置 Chrome 浏览器的扩展程序即可使用。开发者可以下载插件源代码自行编译打包安装，下面介绍一下安装步骤。

（1）访问网站：https://github.com/vuejs/devtools，单击页面上的【Code】，单击【Download ZIP】下载链接，下载源代码压缩包，如图 1-13 所示。

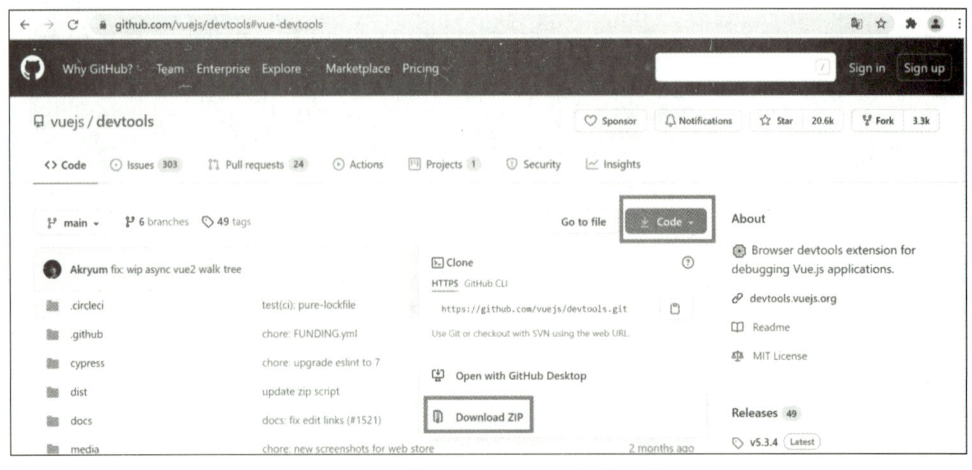

图 1-13　下载 Vue-devtools 插件源代码

(2)将下载的源代码压缩包解压缩，该文件目录类似于 Vue. js 的工程文件结构，根目录下包含 package. json 文件，解压后的文件结构如图 1-14 所示。

D:\vue\chapter01\devtools-main

名称	类型	大小
.circleci	文件夹	
.github	文件夹	
cypress	文件夹	
dist	文件夹	
docs	文件夹	
media	文件夹	
packages	文件夹	
.browserslistrc	BROWSERSLISTRC ...	1 KB
.eslintrc.js	JetBrains WebStorm	2 KB
.gitignore	GITIGNORE 文件	1 KB
cypress.json	JSON 文件	1 KB
lerna.json	JSON 文件	1 KB
LICENSE	文件	2 KB
package.json	JSON 文件	4 KB
package-lock.json	JSON 文件	1 KB
postcss.config.js	JetBrains WebStorm	1 KB
README.md	Markdown File	1 KB
release.js	JetBrains WebStorm	3 KB
sign-firefox.js	JetBrains WebStorm	1 KB
tailwind.config.js	JetBrains WebStorm	3 KB
tsconfig.json	JSON 文件	1 KB
vue1-test.html	HTML 文档	2 KB
yarn.lock	LOCK 文件	445 KB

图 1-14　Vue-devtools 安装文件

(3)使用 npm 命令安装依赖，安装过程稍长，需要等待几分钟。打开 Windows 的 cmd 命令窗口，输入命令，代码如下所示：

```
npm install
```

注意：如果使用淘宝提供的 npm 源，请使用 cnpm install 命令安装依赖。

(4)修改 packages 文件夹中的 shell-chrome 文件→manifest. json 文件，把"persistent"：false 改成 true，如图 1-15 所示。

manifest.json

```
    "devtools.html",
    "devtools-background.html",
    "src/backend.js"
  ],
  "devtools_page": "devtools-background.html",
  "background": {
    "scripts": [
      "src/background.js"
    ],
    "persistent": false  → true
  },
  "permissions": [
    "<all_urls>",
    "contextMenus",
    "storage"
  ],
  "content_scripts": [
```

图 1-15　修改 manifest. json 文件 persistent 值

(5)继续修改 manifest. json 文件，shell-chrome 文件下没有 build 这个路径，改为 src，如图 1-16 所示。

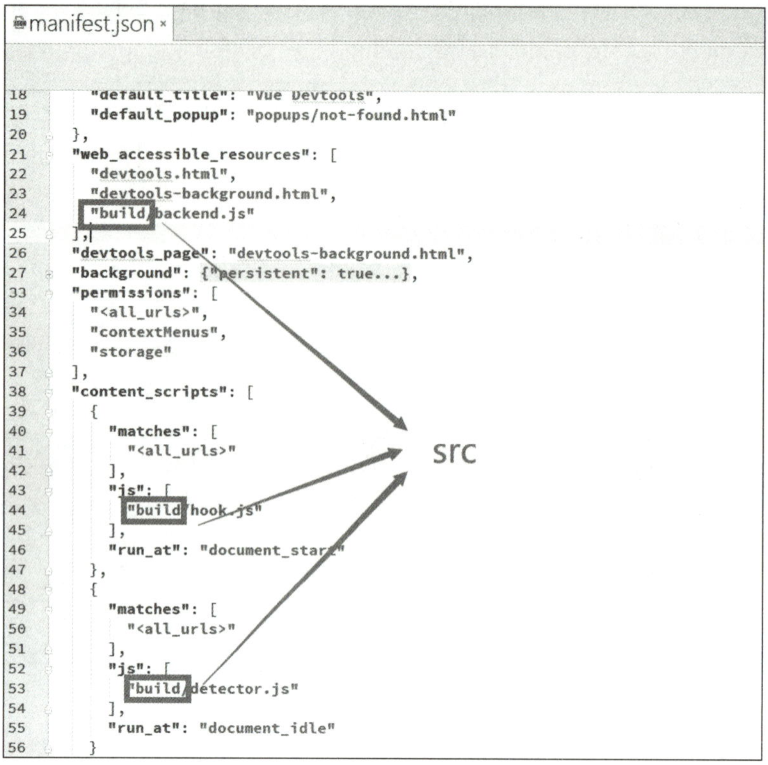

manifest.json

```
    "default_title": "Vue Devtools",
    "default_popup": "popups/not-found.html"
  },
  "web_accessible_resources": [
    "devtools.html",
    "devtools-background.html",
    "build/backend.js"
  ],
  "devtools_page": "devtools-background.html",
  "background": {"persistent": true...},
  "permissions": [
    "<all_urls>",
    "contextMenus",
    "storage"
  ],
  "content_scripts": [
    {
      "matches": [
        "<all_urls>"
      ],
      "js": [
        "build/hook.js"
      ],
      "run_at": "document_start"
    },
    {
      "matches": [
        "<all_urls>"
      ],
      "js": [
        "build/detector.js"
      ],
      "run_at": "document_idle"
    }
```

src

图 1-16 修改 manifest.json 文件中的路径

(6)打开 Chrome 浏览器，选择右上角的 ⋮ 图标，选择“更多工具”→“扩展程序”→“加载已解压的扩展程序”(勾选“开发者模式”)→选择上述解压路径中的 shell-chrome 文件夹→单击“确定”按钮，即成功安装了 Vue-devtools 插件，安装效果如图 1-17 所示。

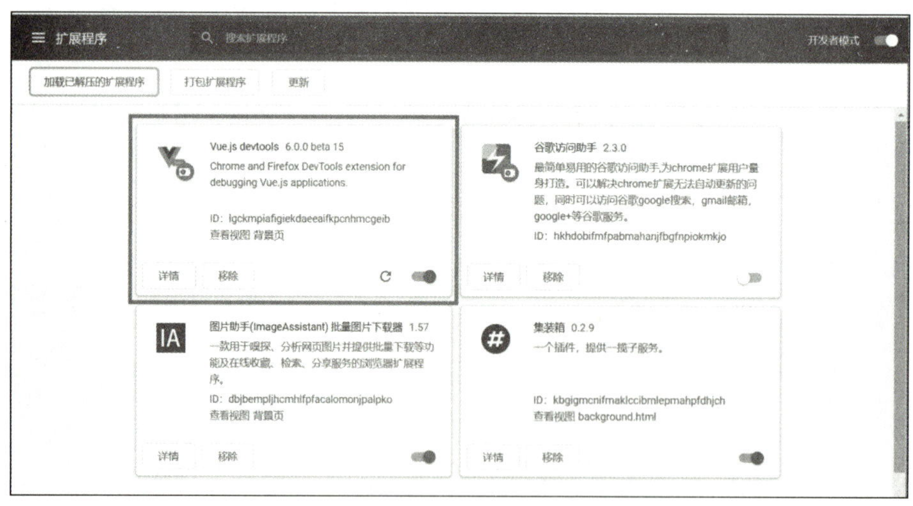

图 1-17 Vue-devtools 插件安装成功

1.2.6 Vue.js 第一个应用

Vue.js 应用的开发离不开 Vue 实例，下面将创建一个简单的 Vue 实例，并在页面上输出

“Hello World”，开启第一个 Vue. js 应用的编程之旅。代码如【实例 1-1】所示。

【实例 1-1】Vue. js 的 Hello World 示例。

```
1  <! DOCTYPE html>
2  <html>
3  <head lang="en">
4  <meta charset="UTF-8">
5  <title>Hello Vue</title>
6  <! --引入 Vue.js 核心文件-->
7  <script src="vue.js"></script>
8  </head>
9  <body>
10  <div id="app">
11  <! --将 msg 的值绑定到 p 元素-->
12  <p>{{msg}}</p>
13  </div>
14  <script>
15  //创建 Vue 实例
16  var vm=new Vue({
17      el:"#app",
18      data:{
19          msg:"Hello World"
20      }
21  });
22  </script>
23  </body>
24  </html>
```

上述代码中，第 7 行引入了位于 demo01. html 当前目录下 Vue. js 核心文件，引入该文件后即可得到一个 Vue 构造器，用来创建 Vue 实例；第 10 行为 div 元素设置了名为“app”的 id 属性，用以绑定到 Vue 实例；第 16 行创建了一个名为 vm 的 Vue 实例；第 17 行的 el 表示 vm 实例要控制的页面元素，#号表示 id，即 id 为 app 的元素；第 18 行的 data 属性用来存放 el 中要使用的数据；第 19 行设置了 data 对象的属性 msg 为“Hello World”。

要将 msg 的数据渲染到页面上，需要通过 Vue 提供的“{{}}”插值表达式绑定 data 的 msg 属性。通过浏览器访问 demo01. html，运行结果如图 1-18 所示。

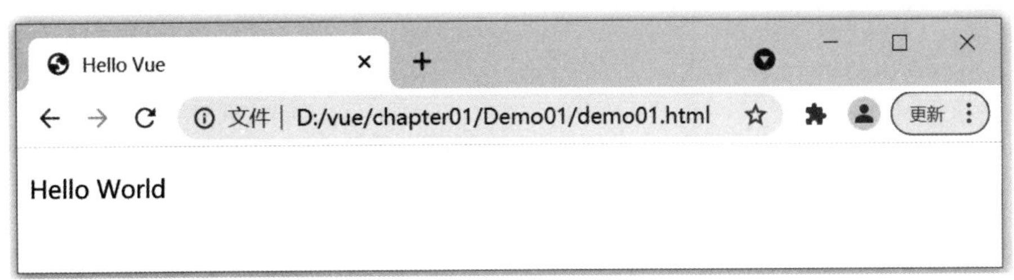

图 1-18　Vue. js 的 Hello World 运行效果图

注意：Vue. js 的核心允许采用简洁地模板语法来声明式地将数据渲染进 DOM，所以可以直接双击打开 demo01. html 页面，无须在服务器条件下访问，便可实现数据绑定的显示效果。

1.3 本章总结

本章的学习其实并不需要读者理解或写出任何 Vue.js 程序，只是相当于全书的引言。通过对 Vue.js 的历史由来、Web 前端开发技术的发展简史、Vue.js 的优势等一些基本介绍，让读者提高对 Vue.js 的兴趣。同时，通过对 Vue.js 开发环境的搭建及其他常用工具的使用，使读者对 Vue.js 有一个整体的认识，能够编写一个简单的 Hello World 程序。相比其他 JavaScript 框架而言，Vue.js 本身可以说是非常接近传统的 HTML 化的 Web 前端开发技术，开发人员可以快速上手。

本章习题

一、判断题

1. Vue.js 与 Angular 都可以用来创建复杂的前端项目。 (　　)
2. Vue.js 是一套构建用户界面的渐进式框架，Vue.js 的核心只关注视图层。 (　　)
3. npm 包管理器是基于 Node.js 平台使用的。 (　　)
4. Vue.js 中 MVVM 框架主要由 3 部分组成：Model、View 和 ModelView。 (　　)
5. Vue.js 与 React 语法是完全相同的。 (　　)

二、填空题

1. Vue.js 是一套构建________的渐进式框架。
2. MVC 模式主要包含 3 个部分，分别是________、________、________。
3. MVP 模式主要包含 3 个部分，分别是________、________、________。
4. MVVM 模式主要包含 3 个部分，分别是________、________、________。
5. npm 用来安装 Vue.js 模块的命令是________。

三、简答题

1. 请简述什么是 Vue.js。
2. 请列出 Vue.js 的优势。
3. 请简要说明 MVC、MVP、MVVM 三种模式的异同。

拓展实训

1. 请手动配置 Vue.js 的开发环境。
2. 请使用 Vue.js 动手创建一个注册页面。

第 2 章　基础特性

第 1 章介绍了 Vue. js 的一些前置知识，本章将学习 Vue. js 的基础特性。Vue. js 不仅改善了前端的开发体验，还极大地提高了开发效率。为了更好地理解并掌握 Vue. js 的使用方法，本章将对 Vue. js 的基础特性进行介绍，主要包括 Vue 实例的创建、模板、data 初始数据的定义、methods 方法的定义、Vue 实例的生命周期、常用指令、事件修饰符、v-model 双向数据绑定以及计算属性与监听属性等内容，并通过几个实例进行案例演示。

本章的学习重点

- Vue 实例
- 常用指令
- 事件修饰符
- 计算属性与监听属性
- 样式绑定

引导案例

使用 jQuery 进行前端开发时，需要大量地手动操作 DOM 元素，jQuery 继承并发扬了 JavaScript 对 DOM 对象的操作特性，利用 jQuery 选择器可以方便地进行元素的创建、查找、插入、删除等操作。但是随着各大浏览器对 HTML5 规范的统一遵循以及 ECMA6 在浏览器端的实现，jQuery 的使用效率越来越低。Vue. js 作为一个火热的前端框架，它专注于 MVVM 模型的 ViewModel 层，通过双向数据绑定将 View 层和 Model 层连接了起来，通过对数据的操作就可以完成对页面视图的渲染。那么，Vue. js 是如何和 DOM 对象交互的呢？

案例思考

上述案例提出了一个很重要的问题，熟悉 jQuery 的开发人员都清楚，它是通过选择器选取 DOM 对象的，数据和界面在一起。但是 Vue. js 不同，Vue. js 通过 Vue 实例将数据和 View 完全分离开，对数据进行操作不再需要引用相应的 DOM 对象，而是通过 Vue 实例实现相互绑定，Vue. js 提供了丰富的功能，能够处理复杂的业务，侧重数据绑定，能高效地完成业务需求。那么，一个 Vue 实例的生命周期是什么呢？

2.1 第一个 Vue. js 实例

在 Vue. js 项目中，每个 Vue. js 应用都是通过 Vue 构造函数创建新的 Vue 实例开始的。通过 Vue 构造函数创建一个根实例，并启动 Vue.js 应用，创建 Vue 实例的基本代码如下：

```
1 <script>
2 var app=new Vue({
3     //选项
4 })
5 </script>
```

在上述代码中，变量 app 就代表了这个 Vue 实例，类似 jQuery 的封装思想，app 对象内封装了对视图的所有操作，如数据的读写、事件的绑定、DOM 更新等(但是没有 Ajax，因为 Vue.js 主要是视图层的操作，不涵盖网络层)。当创建一个 Vue 实例时，可以传入一个选项对象。事实上，几乎所有的代码都是一个对象，需要写入 Vue 实例的选项内。第 3 行代码用于对 Vue 实例进行选项配置，选项通常包含以下五大类属性：

(1)数据：data、props、propsData、computed、methods、watch。

(2)DOM：el、template、render、renderError。

(3)生命周期钩子：beforeCreate/created、beforeMount/mounted、beforeUpdate/updated、activated/deactivated、beforeDestroy/destroyed、errorCaptured。

(4)资源：directives、filters、components。

(5)组合：parent、mixins、extends、provide、inject。

常用的构造选项如表 2-1 所示。

表 2-1　Vue 构造选项

选项	说明
el	唯一根标签，决定 Vue 实例会管理哪一个 DOM 节点
data	Vue 实例对应的数据对象
methods	定义 Vue 实例的方法，可以在其他地方调用，也可以在指令中使用
computed	定义 Vue 实例的计算属性，可以在其他地方调用，也可以在指令中使用，本质是一个属性而不是一个函数，在调用时不用加小括号
components	定义 Vue 实例的子组件
filters	定义 Vue 实例的过滤器
watch	监听数据变化，观察和响应 Vue 实例上的数据变动

表 2-1 中的选项，将在后续内容中进行详细讲解。

2.1.1　el 根标签

在创建 Vue 实例时，必不可少的一个选项就是 el。el 表示唯一根标签，用于指定一个页面中已存在的 DOM 元素来挂载 Vue 实例，即通过 class 或 id 选择器将页面 DOM 元素与 Vue 实例进行绑定。el 的类型可以是 string，也可以是 HTMLElement。为了让读者更好地理解，下面通过【实例 2-1】来进行演示。

【实例 2-1】使用 el 选项绑定 DOM 元素示例。

```
<! DOCTYPE html>
<html>
<head lang="en">
```

```
4  <meta charset="UTF-8">
5  <title></title>
6  <! --引入 Vue.js 核心文件-->
7  <script src="vue.js"></script>
8  </head>
9  <body>
10  <div id="app">{{msg}}</div>
11  <script>
12  var app=new Vue({
13      el:document.getElementById("app"),          //或者是 el:"#app"
14      data:{
15          msg:"Vue 实例绑定 div 成功!"
16      }
17  })
18  </script>
19  </body>
20  </html>
```

在上述代码中，第 12 行使用 Vue 构造函数创建了名为 app 的 Vue 实例，第 13 行使用 el 选项将 Vue 实例绑定到 id 为 app 的 DOM 元素节点上，第 14 行使用 data 属性配置初始数据，第 10 行使用插值表达式显示数据。运行结果如图 2-1 所示。

图 2-1　el 选项绑定 DOM 元素运行效果图

注意：一个 Vue 实例必须要绑定一个元素节点，且为根节点。

2.1.2　Vue.js 模板

由于 Vue.js 是建立在视图层的技术，所以 Vue.js 中的模板系统是非常重要的功能之一。Vue.js 提供了非常方便和适用的模板系统，给予最佳的用户体验和性能。遵循模板进行软件的设计和功能的完善，是软件开发的基本模式，使用模板可以快速地完成页面 UI 设计和用户交互功能。但是，随着用户需求的变更及网页内容的增加，网站页面应该是无限多的，不可能根据模板进行单一页面的编写，为了解决这个问题，便出现了新的技术——模板引擎。使用模板引擎，通过不同的数据和内容，即可获得属于一个用户或者一个内容的定制页面，如此一来，既减少了大量的编码量，也方便了将来的样式更新。

JavaScript 语言或者其他 Web 开发语言，都支持在后端渲染出前端 HTML 页面的内容，但这种模板引擎在纯前端情景下已经不再是最好的选择。因为随着用户数量的增多，数据的处理大幅叠加，用户的每一次操作引起的页面渲染，都是在损耗后端服务器的资源，若成千上万的用户同时操作，仅仅是处理网络请求就会让服务器卡顿甚至宕机。而若将页面渲染放在前端处理，渲染时间与请求延迟比起来根本算不上瓶颈，这样既可以提高用户体验，也减轻了后端服务器的压力。Vue.js 为用户提供了这样一套强大的模板系统，这也是 Vue.js 前端框架广受欢迎的原因之一。

Vue.js 是用于构建用户界面的前端框架，它最终呈现给用户的是一个一个 HTML 标签，Vue.js 可以使用 HTML 模板和 render 函数这两种方式来构建这些 HTML 标签。当开发者使用 HTML 模板来构建界面时，Vue.js 框架内部会将其编译成 render 函数，最后渲染到挂载点上。render 函数生成的是虚拟 DOM，虚拟 DOM 是基于 JavaScript 的，相比于 DOM 的操作，开销会小很多。

HTML 模板有 4 种定义方式如下。

(1) Vue 实例不定义，由 Vue 将挂载点的元素提取出来生成模板，可以理解为将模板写在挂载点内，如上面的【实例 2-1】第 10 行代码中使用双大括号(Mustache 语法)“{{}}”的文本插值表达式，实现了将数据对象 msg 属性的值自动渲染到页面上，任何时候修改数据 msg，大括号的内容都会被实时更新。通过浏览器打开【实例 2-1】的 HTML 页面，并打开浏览器的控制台，运行如下代码：

```
app.$data.msg="This is a new message"
```

这时会发现页面中的文本会跟着发生变化。这是因为插值与数据彼此关联，数据更新引发插值更新。

下面通过【实例 2-2】演示如何实时显示系统时间。

【实例 2-2】实时显示系统时间示例。

```
<!DOCTYPE html>
<html>
<head lang="en">
<meta charset="UTF-8">
<title></title>
<!--引入 Vue.js 核心文件-->
<script src="vue.js"></script>
</head>
<body>
<div id="app">{{date}}</div>
<script>
var app=new Vue({
    el:"#app",                                       //挂载 id 为 app 的 DOM 节点
    data:{
        date:new Date()                              //获取系统时间
    },
    mounted:function(){                              //mounted 钩子函数,在模板渲染成 HTML 后调用
        var _this=this;
        this.timer=setInterval(function(){           //间隔 1 秒重新获取系统时间
            _this.date=new Date();
            },1000);
        }
    })
</script>
```

```
</body>
</html>
```

在上述代码中，{{date}}每隔 1 秒获取系统时间。若想格式化时间，可以在赋值前使用自定义的函数进行处理，Vue. js 的过滤器(filters)或计算属性(computed)也可以实现。运行结果如图 2-2 所示。

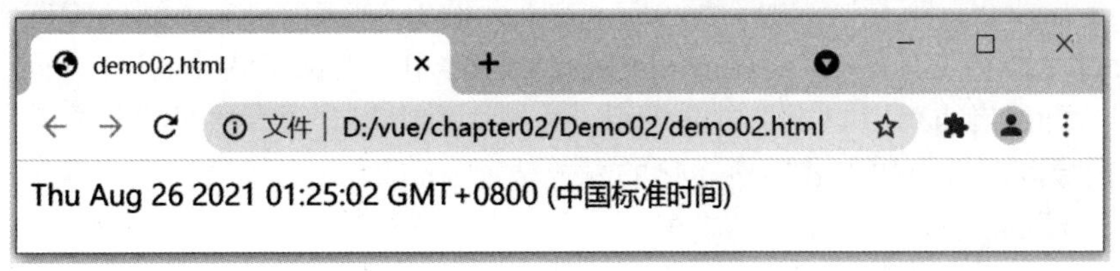

图 2-2　实时显示系统时间运行效果图

文本插值是数据绑定最基本的形式，使用方式十分简单，只要用"{{}}"将要绑定的变量、值、表达式括住就可以实现，Vue. js 将会获取计算后的值，并以文本形式展示出来，若变量的值改变时，视图也会同步更新。

此外，使用三括号的 Mustache 语法可以进行原始 HTML 代码输出，双 Mustache 标签将数据解析为纯文本而不是 HTML 代码。为了输出原始的 HTML 代码，需要用三 Mustache 标签({{{keyName}}}会保持 keyName 内容原样输出)，代码如下所示：

```
<div id="app">{{{HtmlCode}}}</div>
<script>
var app=new Vue({
    el:"#app",
    data:{
        HtmlCode:"<h2>会原样输出 HTML 代码</h2>"
    }
})
</script>
```

Mustache 标签内还可以包含单个 JavaScript 表达式，如果是语句(如{{var num=1}})的话则是无效的。代码如下所示：

```
<div id="app">
<p>{{num+1}}</p>  <! -- 显示 9 -->
<p>{{ok ?"Yes":"No"}}</p>  <! -- 显示 1 -->
<p>{{message. split("). reverse(). join("")}}</p>  <! -- 显示 hello -->
</div>
<script>
var app=new Vue({
    el:"#app",
    data:{
        num:8,
        ok:"1",
        message:"olleh"
    }
```

```
});
</script>
```

Mustache 标签也可以用在 HTML 属性(Attributes)内，如<div id="item-{{id}}"></div>，但是 Vue. js 指令和特殊属性内不能用插值。Vue. js 支持在“{{}}”插值的尾部添加一个管道符(“|”)对数据进行过滤，允许在表达式后添加可选的“过滤器 (filters)”，以“管道符”指示({{message | capitalize}})，这里将表达式 message 的值“管输(pipe)”到内置的 capitalize 过滤器，这个过滤器其实只是一个 JavaScript 函数，经常用于返回格式化的值。Vue. js 提供数个内置过滤器，开发者也可以自定义过滤规则，在第 3 章中将介绍有关过滤器的内容。

(2)将模板以字符串的形式写在实例的配置选项 template 中。

【实例 2-3】template 字符串模板示例。

```
<! DOCTYPE html>
<html>
<head lang="en">
<meta charset="UTF-8">
<title></title>
<! --引入 Vue. js 核心文件-->
<script src="vue. js"></script>
</head>
<body>
<div id="app">我是 div 标签</div>
<script>
var app=new Vue({
    el:"#app",
    template:"<h1>hello,I am template! </h1>"              //配置字符串模板
})
</script>
</body>
</html>
```

实例挂载后，会将 template 中的字符串转换为 HTML 标签，替换掉绑定节点的内容。运行结果如图 2-3 所示。

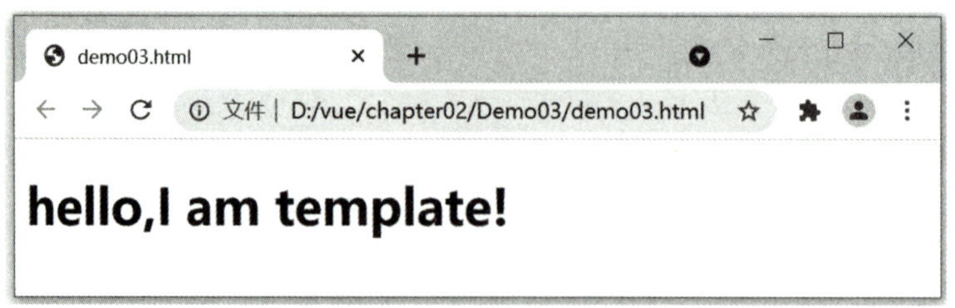

图 2-3　template 字符串模板运行效果图

(3)使用 x-template，在 template 中定义模板有些弊端，因为它是字符串，所以缺少高亮的语法支持，开发体验不好，下面通过【实例 2-4】演示 x-template 的用法。

【实例 2-4】x-template 使用示例。

```
<! DOCTYPE html>
<html>
<head lang="en">
<meta charset="UTF-8">
<title></title>
<! --引入 Vue.js 核心文件-->
<script src="vue.js"></script>
</head>
<body>
<div id="app"></div>
<! --使用 x-template 定义模板 -->
<script type="text/x-template"id="temp">
<h1>Hello Template</h1>
    </script>
    <! --引用 x-template 模板 -->
<script>
    var app=new Vue({
    el:"#app",
    template:"#temp"
    })
</script>
</body>
</html>
```

x-template 是将模板的定义放在<script>标签中，然后在 template 中使用#引用该模板，官方推荐这种写法。运行结果如图 2-4 所示。

图 2-4　x-template 使用运行效果图

(4)用单文件组件(single-file components)的方式定义模板，单文件组件是以 .vue 结尾的文件，一个文件就是一个组件。

注意：若开发者熟悉 DOM 并且热衷 JavaScript 的原始能力，也可以不使用模板，而直接编写渲染(render)函数。

2.1.3　data 数据对象

data 是 Vue 实例的数据对象，Vue.js 会将 data 对象的属性转换为 getter/setter，从而让 data 的属性能够响应数据变化。var app=new Vue({data:{数据}})，Vue 通过这种方式监听了 data 内的数据修改，因此，只要 data 内的数据进行变动，视图层就会同步自动刷新。Vue 实例创建之后，可以通过 app.$data 访问原始数据对象，Vue 实例也代理了 data 对象上所有的属性，因此访问 app. msg 相当于访问 app. $ data. msg。

data 定义的数据通过插值语法（“{{}}”）绑定到 DOM 节点，data 数据对象有以下两种写法：

（1）以对象（Object）的形式，代码如下所示：

```
<div id="app">{{content}}</div>
<script>
var app=new Vue({
    el:"#app",
    data:{
        content:"Mustache 表达式通过 data 为对象获取 content 的值"
    }
})
</script>
```

（2）以函数（Function）的形式，代码如下所示：

```
<div id="app">{{content}}</div>
<script>
var app=new Vue({
    el:"#app",
    data:function(){
            return{
                content:"Mustache 表达式通过 data 为函数获取 content 的值"
            }
    }
})
</script>
```

只有 Vue 实例被创建时，data 中存在的属性才能实时在视图层响应刷新。也就是说，如果后期添加一个新的属性，那么新属性值的改动将不会触发任何视图的更新。如果开发者以后需要一个属性，但是它一开始为空或不存在，那么仅仅需要设置一些初始值即可。

除了 data 属性外，Vue 实例还暴露了一些有用的实例属性和方法，它们都有前缀 $，以便与用户定义的属性区分开。

注意：在一个 Vue. js 简单实例中，也就是不使用组件化实现的时候，data 可以是一个对象，因为本身也只有一个实例，就不存在多个实例共享的问题。但是在使用 Vue. js 构建组件化应用时，每个组件的 data 属性必须以函数形式返回，这主要是在组件化实现的时候，每个实例可以维护一份被返回对象的独立的拷贝，而不是共享同一个对象的引用。

2. 1. 4 methods 定义方法

methods 用来定义 Vue 实例中的方法，可以通过 Vue 实例直接访问这些方法。在定义的方法中，this 对象指向 Vue 实例本身。通过 methods 定义的方法还可以作为页面中的事件处理方法使用，一旦事件被触发，即执行相应的方法进行处理。

使用 methods 选项定义方法的基本语法如下：

```
<script>
var app=new Vue({
    methods:{
        方法名:function(){}                      //定义方法,若有多个方法,使用逗号分隔
    }
})
</script>
```

在 methods 方法中访问 data 的数据，可以直接通过 this. 属性名的形式来访问，this 表示 Vue 实例。

下面通过【实例 2-5】演示单击按钮修改文本。

【实例 2-5】单击按钮修改文本示例。

```
<! DOCTYPE html>
<html>
<head lang="en">
<meta charset="UTF-8">
<title></title>
<! --引入 Vue.js 核心文件-->
<script src="vue.js"></script>
</head>
<body>
<p>单击按钮修改文本</p>
<div id="app">
<p>{{msg}}</p>
<button @ click="doChange">请单击</button>
</div>
<script>
var app=new Vue({
        el:"#app",
    data:{
        msg:"初始文本!"
    },
    methods:{
        doChange:function(){
            this.msg="新的文本!"                //改变 data 中 msg 属性的值
        }
        }
    })
</script>
</body>
</html>
```

上述代码中，data 对象中定义了初始数据属性 msg，并使用插值语法(“{{}}”)将 msg 绑定到 DOM 节点上，同时在 button 按钮上通过 v-on 指令(后续将详细介绍)绑定了 click 事件，单击事件被触发时，将调用事件处理方法 doChange。在 methods 选项中定义了 doChange 方法，

用于改变 data 对象中 msg 属性的值。在浏览器中运行【实例 2-5】的页面，单击“请单击”按钮，运行结果如图 2-5 所示，左边为单击前的初始数据，右边为单击后的改变数据。

图 2-5　单击按钮修改文本运行效果图

2.1.5　生命周期

正如人类有生命周期一样，一个应用程序本身和程序中的每个实例及组件也存在生命周期。一个人从出生到死亡期间，将会经历很多事件，这些事件将会影响其一生甚至整个社会。相对于一个应用程序或者 Vue.js 中的实例来说，其生命周期始于 Vue 实例的创建，终于 Vue 实例的销毁。

Vue 实例在初始化时需要经历一系列过程，例如编译模板、渲染虚拟 DOM 树、挂载 Vue 实例到 DOM 上、设置数据监听和进行数据绑定等，在这些过程中，可能也会产生一些其他事件，令此实例达到其他状态，而在这个状态下执行的事件调用，被称为钩子事件，处理此类事件的函数被称为钩子函数。开发者可以利用生命周期中的这些钩子，在合适的时机处理业务逻辑。Vue.js 中比较常用的钩子如下：

1. created

Vue 实例创建完成后调用，此阶段完成了数据的观测和事件绑定等，但还未挂载，$el 尚不可用，需要初始化处理一些数据时比较有用。

2. mounted

Vue 实例挂载到 DOM 节点上之后调用，一般应用程序的第一个业务逻辑会在这里处理。

3. beforeDestroy

Vue 实例销毁之前调用，此时实例依然可用，主要用于解绑一些使用 addEventListener 监听的事件等。

这些钩子与 el 及 data 相似，也是作为选项配置在 Vue 实例内部，并且钩子的 this 指向的是 Vue 实例，代码如下所示：

```
<div id="app">钩子示例</div>
<script>
var app=new Vue({
    el:"#app",
    data:{
        num:10
        },
    created:function (    ){
        console.log(this.num);                    // 10
    }
    mounted:function (    ){
        console.log(this.$el);                    //<div id="app">钩子示例</div>
```

```
        }
    }
})
</script>
```

一个 Vue 实例完整的生命周期可以分为 4 个阶段：初始化阶段、模板编译阶段、挂载阶段、卸载阶段。

4. 初始化阶段

这个阶段的主要目的是在 Vue 实例上初始化一些属性、事件以及响应式数据，如 props、methods、data、computed、watch、provide 和 inject 等。

5. 模板编译阶段

这个阶段的主要目的是将模板编译为渲染函数，只存在于完整版本中。如果在只包含运行时的构建版本中执行 new Vue()，则不会存在这个阶段。

6. 挂载阶段

这个阶段，Vue.js 会将其实例挂载到 DOM 元素上，简单地说，就是将模板渲染到指定的 DOM 元素中。在挂载过程中，Vue.js 会开启 watcher 来持续追踪依赖的变化。

7. 卸载阶段

这个阶段，Vue.js 会将自己从父组件中删除，取消实例上所有依赖的追踪并且移除所有的事件监听器。

生命周期流程详细介绍如下：

(1)实例化 Vue：new Vue()。

(2)初始化事件和生命周期：init events 和 init lifecycle。

(3)执行 beforeCreate 钩子函数。

在实例初始化之后，数据观测(data observer)和 event/watcher 事件配置之前被调用。即此时 Vue 实例被创建了，但是 Vue 实例的属性还没有绑定，如 data 属性，computed 属性还没有绑定，即没有值。此时还没有数据和真实 DOM，属性还没有赋值，也没有动态创建 template 属性对应的 HTML 元素。

(4)挂载数据(属性赋值)：包括属性和 computed 的运算，通过依赖注入导入依赖。

(5)执行 Created 钩子函数。

此时 Vue 实例的属性有值，但是 DOM 还没有生成，$el 属性还不存在。此时有数据，但是还没有真实的 DOM，即 data、computed 都执行了。属性已经赋值，但没有动态创建 template 属性对应的 HTML 元素，所以，此时如果更改数据不会触发 updated 函数。如果数据的初始值来自后端，可以发送 ajax，或者 fetch 请求获取数据，但是，此时不会触发 updated 函数。

(6)检查。

首先检查是否有 el 属性：检查 Vue 实例的配置，即 new Vue{}里面的 el 项是否存在，如果有就继续检查 template 项，如果没有则等到手动绑定调用 vm.$mount()。完成了全局变量 $el 的绑定。

其次检查是否有 template 项：检查配置中的 template 项，如果没有 template 进行填充被绑定区域，则被绑定区域的 el 对象的 outerHTML(即整个#app DOM 对象，包括<div id="app">和</div>标签)都作为被填充对象替换掉填充区域。即如果 Vue 实例中有 template 项，那么，

template 后面的 HTML 会替换 $el 对应的内容。如果有 render 属性(渲染)，那么 render 就会替换 template，即存在优先关系：render >template >el。

(7)执行 beforeMount 钩子函数。

模板编译(template)、数据挂载(把数据显示在模板里)之前执行的钩子函数，此时 this. $el 有值，但是数据还没有挂载到页面上，即此时页面中的{{}}里的变量还没有被数据替换。

(8)模板编译：用 Vue 实例的数据(属性)替换模板中的内容。

(9)执行 Mounted 钩子函数。

模板编译完成，数据挂载完毕。即此时已经把数据挂载到了页面上，所以，页面上能够看到正确的数据了。一般来说，会在此处发送异步请求(ajax、fetch、axios 等)，获取服务器上的数据，并渲染在 DOM 里。

(10)执行 beforeUpdate 钩子函数。

组件更新之前执行的函数，只有数据更新后，才能调用(触发)beforeUpdate，注意：此数据一定是在模板上出现的数据，否则，不会触发组件更新(因为数据不出现在模板里，就没有必要再次渲染)。数据更新了，但是 Vue 实例对应的 DOM 中的内部(innerHTML)没有变，所以叫作组件更新前。

(11)执行 updated 钩子函数。

组件更新之后执行的函数，Vue 实例对应的 DOM 中的内部(innerHTML)改变了，所以叫作组件更新之后。

(12)执行 beforeDestroy 钩子函数：Vue 实例销毁之前。

(13)执行 destroyed 钩子函数：Vue 实例销毁后。

2.2 模板语法

通过 2. 1. 2 节的学习，了解到 Vue. js 使用了基于 HTML 的模板语法，允许开发者采用简洁的模板语法声明式地将 DOM 绑定至底层 Vue 实例的数据。所有 Vue. js 的模板都是合法的 HTML，所以能被遵循规范的浏览器和 HTML 解析器解析。Vue. js 的模板系统不只是一个单纯的字符串模板系统，除了支持"{{}}"插值语法，它还提供了很多实用功能。

2.2.1 常用指令

指令(Directives)是 Vue. js 模板中最常用的一项功能，HTML 元素仅仅是界面的呈现，若还需要和 Vue 实例进行交互，就需要用到 Vue. js 的指令。在 Vue. js 中，指令必须写在 HTML 元素中，以前缀 v-开头，后缀用来区分指令的功能，前缀和后缀通过短横线连接，它是 Vue 实例数据与用户界面之间的纽带。

Vue. js 的核心理念是数据驱动 DOM，开发者不到万不得已时不要主动操作 DOM，只需要维护好数据即可，DOM 的事情 Vue. js 会帮助处理。Vue. js 内置了很多指令，帮助开发者快速完成常见的 DOM 操作，譬如显示与隐藏、循环渲染等，在第 3 章中会详细介绍这些内置指令，在此之前，需要先了解一些常用的指令，如 v-text、v-html、v-cloak、v-bind、v-on 等。

1. v-text

v-text 用来在 DOM 元素内部插入文本内容，该指令以文本的方式更新元素的内容，即使是 HTML 代码，它也只当作普通字符串处理，不会解析标签，与插值表达式作用相同。其使

用如下代码：

```
<div id="app" v-text="msg"></div>
<script>
var app=new Vue({
    el:"#app",
    data:{
        msg:"Hello,v-text!"
    }
})
</script>
```

上述代码中，v-text 指令后接表达式 msg，msg 是对 Vue 实例中 data 数据“Hello，v-text！”的引用。运行时，v-text 指令所在的<div>标签内容会替换为“Hello，v-text！”，v-text 成功绑定了 msg 数据信息。

“{{}}”插值表达式可以把 Vue.js 传递过来的数据和前台用户自己定义的数据结合在一起，但是 v-text 只能显示 Vue 实例传递过来的数据，会替换掉节点里已有的内容。

注意：如果要同时显示用户前台数据，那么就需要用插值表达式；如果只是单独显示 Vue 实例里的数据，建议使用“v-text”指令。

2. v-html

v-html 用来在 DOM 元素内部插入 HTML 代码内容。某些情况下，从服务器请求到的数据本身就是一个 HTML 代码，如果直接通过“{{}}”来输出，会将 HTML 代码也一起输出。v-html 指令更新节点元素的 innerHTML，内容按照 HTML 格式进行解析，并且显示对应的内容。其使用如下代码：

```
<div id="app" v-html="msg"></div>
<script>
var app=new Vue({
    el:"#app",
    data:{
        msg:"<h1>Hello,v-html! </h1>"
    }
})
</script>
```

在上述代码中，v-html 指令后接表达式 msg，msg 是对 Vue 实例中 data 数据“Hello，v-html！”的引用。运行时，v-html 指令所在的<div>标签内容会替换为“Hello，v-html！”，v-html 成功绑定了 msg 数据信息。

可以看出，v-text 与 v-html 指令不同的是，v-html 绑定的数据可以是 HTML 结构。

3. v-cloak

v-cloak 指令可以隐藏未编译的 Mustache 标签直到关联实例结束编译。

通过“{{}}”插值与 v-text 指令都可以渲染普通文本。但是当网速比较慢时，Vue 实例还没有加载完成，使用“{{}}”显示或更新页面数据，会出现一个不好的过渡现象，界面上会直接显示出未编译的 Mustache 标签（{{msg}}），在 Vue 实例加载完成后才能看到对应的值，这会使得页面出现闪烁问题。要想解决这个问题，就要使用 v-cloak 指令，然后为其设置 css 样

式 [v-cloak]{display：none}。其使用如下代码：

```
<style>
[v-cloak]{
    display:none;
}
</style>
<div id="app"v-cloak>{{msg}}</div>
<script>
var app=new Vue({
    el:"#app",
    data:{
        msg:"Hello,v-cloak!"
    }
})
</script>
```

在上述代码中，v-cloak 指令后不接表达式，为其设置 css 样式 display：none，即可解决闪烁问题。但有时添加完毕后闪烁问题没解决，这是怎么回事呢？原来是 v-cloak 的 display 属性被优先级别高的样式覆盖所导致，所以最好再添加一个！important，将其优先级设置为最高，防止被其他优先级高的 display：none 样式所覆盖。

4. v-bind

v-bind 指令用于实现单向动态数据绑定。

前面学习的 v-text 和 v-html 指令主要作用是将值插入模板标签的内容当中。但是，除了标签内容需要动态来渲染外，某些标签的属性也需要动态来绑定，这时就可以使用 v-bind 动态绑定属性。v-bind 用于绑定一个或多个属性值，或者向另一个组件传递属性值，例如图片的 src、链接的 href、动态绑定一些类、样式等。其使用如下代码：

```
<div id="app">
<input v-bind:value="msg">
</div>
<script>
var app=new Vue({
    el:"#app",
    data:{
        msg:"Hello,v-bind!"
    }
})
</script>
```

在上述代码中，v-bind 指令绑定到 input 控件的 value 值。运行时，input 文本框中显示 Hello，v-bind!，说明 msg 数据绑定成功。

注意：当改变 app.msg 的值时，页面文本框中的数据会自动更新，但不能实现视图驱动数据变化，所以 v-bind 指令是单向数据绑定，而不是双向数据绑定。

5. v-on

v-on 指令用来绑定事件监听器。在普通元素上，v-on 指令可以监听原生的 DOM 事件

(如 click、dblclick、keyup、mouseover 等)，v-on 表达式是一个方法名，这些方法以函数形式定义在 Vue 实例的 methods 选项内，函数内的 this 指向当前 Vue 实例本身，因此可以直接使用 this. xxx 的形式访问或修改数据。其使用如下代码：

```
<div id="app">
<p>{{msg}}</p>
<button v-on:click="sayHello">请单击</button>
</div>
<script>
var app=new Vue({
    el:"#app",
    data:{
        msg:"Hi"
    },
    methods:{
        sayHello:function(){
            this.msg="Hello,v-on!"
        }
    }
})
</script>
```

在上述代码中，使用 v-on 指令给 button 绑定了一个单击事件监听器，即函数 sayHello，运行时，单击按钮，页面上原来的文本“Hi”将变成“Hello，v-on!”，说明使用 v-on 指令绑定事件监听器成功。

前缀 v-作为一种视觉提示，在开发者使用 Vue. js 为现有标签添加动态行为时很有帮助，但是对于一些频繁使用的值来说比较烦琐。因此，Vue. js 为 v-bind 和 v-on 这两个最常用的指令提供了语法糖(语法糖是指在不影响功能的情况下，添加某种方法实现同样的效果，以便于程序开发，也称为糖衣语法，通常来说使用语法糖能够增加程序的可读性，从而减少程序代码出错的机会)，也可以说是缩写或简写。

v-bind 可以省略 v-bind，简写为一个冒号“:”：

```
<! --完整写法 -->
<img v-bind:src="src"></img>
<! --简写 -->
<img:src="src"></img>
```

v-on 可以直接使用“@”简写：

```
<! --完整写法 -->
<a  v-on:click="do"></a>
<! --简写 -->
<a  @ click="do"></a>
```

所有支持 Vue. js 的浏览器中都能正确解析简写方式，并且它们不会出现在最终渲染的标签中。

2.2.2 事件修饰符

v-on 指令提供了一些事件修饰符，即自定义事件行为，不同的事件修饰符会产生不同的功能，通常配置 v-on 指令来使用，写在事件之后，用“. ”号连接，如“v-on：click. once”表示单击事件只触发一次。常用的事件修饰符如表 2-2 所示。

表 2-2 常用的事件修饰符

事件修饰符	说明
. stop	阻止事件冒泡
. prevent	阻止默认事件
. capture	添加事件监听器时使用事件捕获模式
. self	将事件绑定到该元素本身，只有自身才能触发
. once	事件只触发一次

下面分别进行详细介绍。

1. . stop 阻止事件冒泡

首先解释一下什么是事件冒泡，当事件触发时，会像气泡一样，从 DOM 树的底层，一层一层往上面传递，一直传递到 DOM 树的根节点，如果子元素和父级元素触发的是相同事件，那么当子元素被触发时父元素也会被触发，这就是事件的冒泡机制。

在 Web 前端开发应用中，复杂的页面结构需要很多事件来完成交互行为。由于事件的默认传递方式是冒泡，当子元素与父元素绑定同一事件时，有可能会造成事件的错误触发，因此需要使用 . stop 修饰符阻止事件的冒泡。代码如下所示：

```
<divid="div1"@ click="div1Handler">
<input type="button"value="点击" @ click="btnHandler"/>
</div>
```

上述代码中，<input>是<div>的子元素，<input>和<div>都绑定了单击事件，并分别添加到事件监听器“btnHandler”和“div1Handler”。由于事件以冒泡形式传递，<input>的单击事件触发时，<div>的单击事件会自动触发，btnHandler 与 div1Handler 函数都会被执行。若只想触发<input>的单击事件，则需要使用 . stop 修饰符阻止事件向上冒泡，代码修改如下：

```
<divid="div1"@ click="div1Handler">
<input type="button"value="点击" @ click. stop="btnHandler"/>
</div>
```

在上述代码中，<input>的 click 事件后跟了“. stop”，单击按钮时，<div>的单击事件不再被触发，成功阻止了事件向父元素冒泡。

注意：在使用不同内核的浏览器中，冒泡规律是不一样的。如 IE 浏览器中顺序为 div=>body=>html=>document，而其他内核中顺序为 div=>body=>html=>window。此外，在 JavaScript 中，并非所有的事件都可以冒泡，像 blur、unload、load 等事件就不能冒泡。

2. . prevent 阻止默认事件

在 HTML 中，很多标签都有默认事件，例如，<a>超链接标签被单击时会自动跳转到指定页面。代码如下所示：

```
<a href="http://baidu.com" @ click="linkClick">百度一下</a>
```

在上述代码中，当单击超链接时，会自动跳转到百度首页。在实际开发中，若<a>的默认事件会与其他事件冲突，则可以使用 . prevent 修饰符阻止它的默认事件。代码修改如下：

```
<a href="http://baidu.com"@ click.prevent="linkClick">百度一下</a>
```

在上述代码中，<a>的 click 事件后跟了“. prevent”，当点击超链接时，页面不会发生任何变化，成功阻止了默认事件。

3. . capture 事件捕获模式

事件捕获的执行顺序是由外部结构向内部结构执行，恰好与事件的冒泡顺序相反。代码如下所示：

```
<divid="div1"@ click="div1Handler">
    <input type="button"value="点击" @ click="btnHandler"/>
</div>
```

在上述代码中，当单击按钮时，按照事件的冒泡机制，先执行 btnHandler 函数，再执行 div1Handler 函数。若想将事件改成捕获模式，代码修改如下：

```
<divid="div1"@ click.capture="div1Handler">
<input type="button"value="点击" @ click="btnHandler"/>
</div>
```

上述代码中，在父级元素<div>的 click 事件后跟了“. capture”，当单击按钮时，则会先执行 div1Handler 函数，再执行 btnHandler 函数，与冒泡模式相反。

4. . self 自身触发事件

. self 修饰符用来实现只有事件是元素本身触发时才回调，除此之外都不会被触发。代码如下所示：

```
<div class="inner"@ click.self="div1Handler">
<input type="button"value="点击"@ click="btnHandler"/>
</div>
```

在上述代码中，若<div>不使用“. self”修饰符，则单击按钮时，<div>的单击事件也会触发。添加了“. self”修饰符之后，当单击按钮时，将不再触发<div>的单击事件，只有单击<div>时，才会执行“div1Handler”函数。

注意：. self 修饰符只会阻止本身身上的冒泡，并不会真正阻止冒泡。

5. . once 事件只触发一次

. once 修饰符用来阻止事件被多次触发，只触发一次。代码如下所示：

```
<input type="button"value="点击"@ click.once="btnHandler"/>
```

在上述代码中，<input>的 click 事件后跟了“. once”，无论单击多少次按钮，“btnHandler”函数都只执行一次。

事件修饰符可以控制事件按照一定规则进行触发，在使用事件修饰符的时候，书写的顺序非常重要。譬如，@ click. prevent. self 会阻止所有的单击事件，而@ click. self. prevent 只会阻止对元素自身的单击事件。

2. 2. 3 v-model 双向数据绑定

v-model 指令主要用于实现表单元素和数据的双向绑定，通常用在表单类元素上(如 input、select、textarea 等)。所谓双向绑定，指的就是 Vue 实例中的 data 与其渲染的 DOM 元素上的内容保持一致，两者无论谁被改变，另一方也会相应地同步更新为相同的数据。

Vue. js 是单项数据流，v-model 指令只是语法糖而已，实现双向绑定的原理相当于两个指令(v-on 和 v-bind)的集合。v-model 本质上包含两个操作：使用 v-bind 指令绑定一个 value 属性，使用 v-on 指令给当前元素绑定 input 事件。代码如下所示：

```
1<input v-model="sth"/>
2<input v-bind:value="sth" v-on:input="sth= $event.target.value"/>
3<input:value="sth" @ input="sth= $event.target.value"/>
```

上述 3 行代码的效果是一样的，第 1 行代码是第 2 行代码的语法糖，第 2 行代码也可以简写为第 3 行代码。可以看出，v-model 与同时使用 v-bind 和 v-on 的效果是相同的。

下面通过【实例 2-6】进行演示 input 文本框的双向数据绑定。

【实例 2-6】v-model 指令实现 input 元素的双向数据绑定示例。

```
<! DOCTYPE html>
<html>
<head lang="en">
<meta charset="UTF-8">
<title></title>
<! --引入 Vue.js 核心文件-->
<script src="vue.js"></script>
</head>
<body>
<div id="app">
<input type="text"v-model="msg">
<p>文本框的内容:{{msg}}</p>
</div>
<script>
var app=new Vue({
    el:"#app",
    data:{
        msg:""
    }
})
</script>
</body>
</html>
```

在上述代码的 input 元素中，通过 v-model 指令绑定了 Vue 实例中 data 对象的 msg 数据，p 元素中使用“{{}}”插值显示 msg 数据。在浏览器中运行【实例 2-6】的 HTML 页面，在文本框中输入“Hello v-model”，p 标签同步显示“Hello v-model”，同时打开浏览器的控制台，查看 app. msg 属性，其输出结果也为“Hello v-model”，这就是视图驱动数据的结果，运行效果如图 2-6 所示。

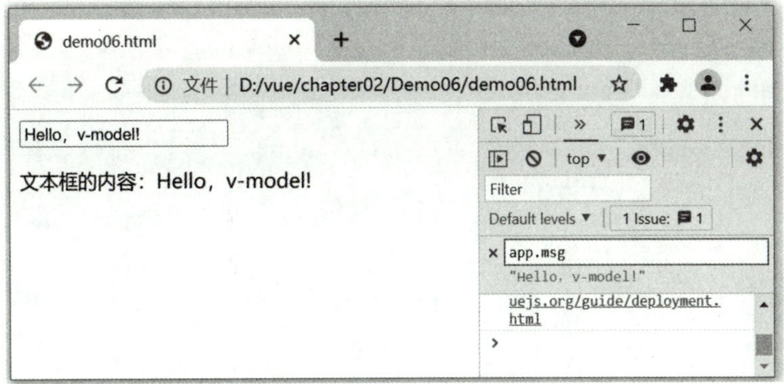

图 2-6　input 双向数据绑定效果图一

这时改变 app. msg 的值为“双向数据绑定”，input 文本框和 p 元素的内容会与 msg 的值保持一致，这就是数据驱动视图的结果，运行效果如图 2-7 所示。

图 2-7　input 双向数据绑定效果图二

下面通过【实例 2-7】演示 v-model 指令实现 radio 元素的双向数据绑定。

【实例 2-7】v-model 指令实现 radio 元素的双向数据绑定示例。

```
<! DOCTYPE html>
<html>
<head lang="en">
<meta charset="UTF-8">
<title></title>
<! --引入 Vue.js 核心文件-->
<script src="vue.js"></script>
</head>
<body>
<div id="app">
    <label for="male">
    <input type="radio"id="male"value="男"v-model="gender">男
</label>
<label for="female">
<input type="radio"id="female"value="女"v-model="gender">女
</label>
```

```
<h2>你选择了:{{gender}}</h2>
</div>
<script>
var app=new Vue({
    el:"#app",
    data:{
        gender:"男"                    //默认“男”
    }
});
</script>
</body>
</html>
```

运行【实例 2-7】后，当选中“女”的时候，在浏览器中生成的内容如图 2-8 所示。

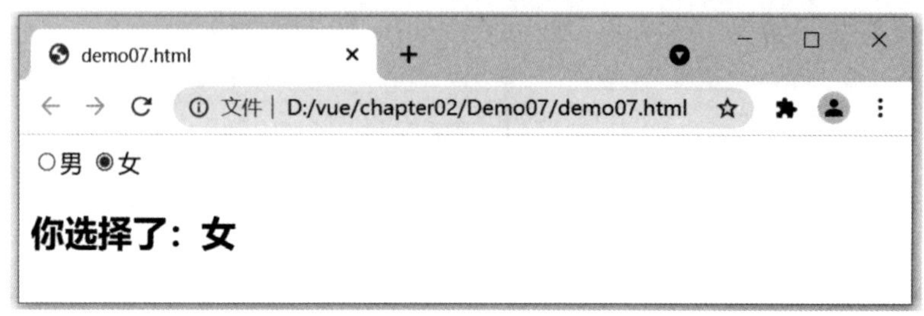

图 2-8　radio 双向数据绑定效果图

下面通过【实例 2-8】演示 v-model 指令实现 checkbox(单选)元素的双向数据绑定。

【实例 2-8】v-model 指令实现 checkbox(单选)元素的双向数据绑定示例。

```
<! DOCTYPE html>
<html>
<head lang="en">
<meta charset="UTF-8">
<title></title>
<! --引入 Vue.js 核心文件-->
<script src="vue.js"></script>
</head>
<body>
<div id="app">
<label for="agreement">
<input type="checkbox"name=""id="agreement"v-model="isagree">同意协议
</label>
<h2>你的选择是:{{isagree}}</h2>
<button:disabled="! isagree">下一步</button>
</div>
<script>
var app=new Vue({
    el:"#app",
    data:{
```

```
        isagree:false
    }
});
</script>
</body>
</html>
```

运行【实例 2-8】后，当勾选“同意协议”的时候，在浏览器中生成的内容如图 2-9 所示。

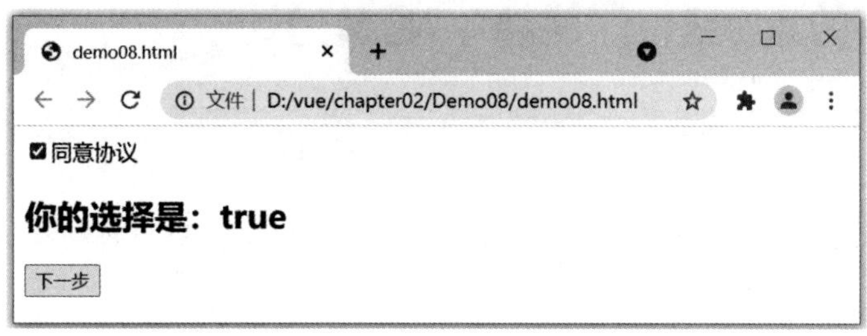

图 2-9　checkbox 元素(单选)双向数据绑定效果图

下面通过【实例 2-9】演示 v-model 指令实现 checkbox(多选)元素的双向数据绑定。

【实例 2-9】v-model 指令实现 checkbox(多选)元素的双向数据绑定示例。

```
<! DOCTYPE html>
<html>
<head lang="en">
<meta charset="UTF-8">
<title></title>
<! --引入 Vue.js 核心文件-->
<script src="vue.js"></script>
</head>
<body>
<div id="app">
<input type="checkbox"value="唱歌"v-model="hobbies">唱歌
<input type="checkbox"value="跳舞"v-model="hobbies">跳舞
<input type="checkbox"value="游泳"v-model="hobbies">游泳
<input type="checkbox"value="看书"v-model="hobbies">看书
<h2>你选择的爱好是:{{hobbies}}</h2>
</div>
<script>
var app=new Vue({
    el:"#app",
    data:{
        hobbies:[]
    }
});
</script>
</body>
</html>
```

运行【实例 2-9】后，当勾选"跳舞""看书"的时候，在浏览器中生成的内容如图 2-10 所示。

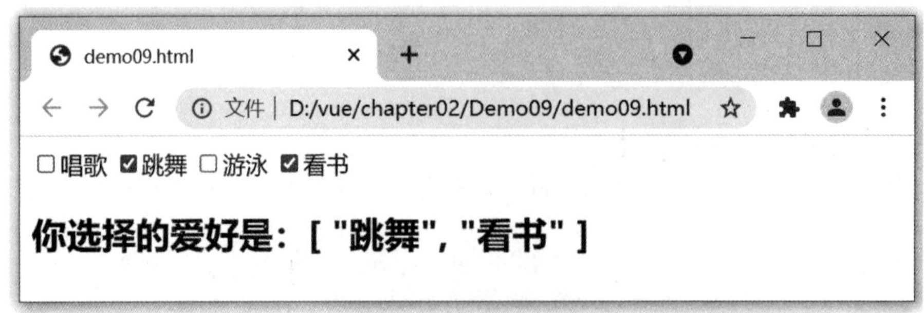

图 2-10 checkbox 元素(多选)双向数据绑定效果图

下面通过【实例 2-10】演示 v-model 指令实现 select 元素的双向数据绑定。

【实例 2-10】v-model 指令实现 select 元素的双向数据绑定示例。

```
<! DOCTYPE html>
<html>
<head lang="en">
<meta charset="UTF-8">
<title></title>
<! --引入 Vue.js 核心文件-->
<script src="vue.js"></script>
</head>
<body>
<div id="app">
<select name="fruits"v-model="fruit">
<option value="菠萝">菠萝</option>
<option value="西瓜">西瓜</option>
<option value="香蕉">香蕉</option>
<option value="苹果">苹果</option>
</select>
<h2>你喜欢的水果是:{{fruit}}</h2>
</div>
<script>
var app=new Vue({
    el:"#app",
    data:{
        fruit:[]                            //默认为空数组
    }
});
</script>
</body>
</html>
```

运行【实例 2-10】后，当选择"西瓜"时，在浏览器中生成的内容如图 2-11 所示。

v-model 指令不仅可以在表单元素上实现数据的双向绑定，还可以在自定义组件上实现

图 2-11　select 元素双向数据绑定效果图

双向绑定。v-model 其实是语法糖，它的本质是绑定值到元素的指定属性上，并监听元素的输入事件，Vue. js 在表单元素中实现了该功能，而在自定义组件上，这个功能需要开发人员自己实现，将在第 4 章中介绍如何在组件中使用 v-model。此外，v-model 支持 3 个修饰符，分别是 lazy、number、trim，将在第 3 章中介绍 v-model 的修饰符，此处不做赘述。

2.3　计算属性与监听属性

为了让模板的内容变得更加整洁，同时不影响代码和内容的可用性，Vue. js 框架提出了计算属性和监听属性，下面将介绍计算属性和监听属性，并通过一些简单的实例帮助读者加深理解。

2.3.1　computed 计算属性

模板内的表达式非常便利，但是设计它们的初衷是用于简单运算的。在模板中放入过长的或复杂的逻辑时，会让模板过重且难以维护。例如下面的代码：

```
<div id="div">
{{msg.split('').reverse().join('')}}
</div>
```

在上述代码中，“{{}}”插值表达式不再是简单的声明式逻辑，开发人员需要花一点时间才能理解到，这个表达式里包含了 3 个操作，想要显示变量 msg 的反转字符串，相对比较复杂，也不容易看懂。若开发人员想要在模板中的多个地方包含此反转字符串时，将会变得更加难以处理。因此，遇到复杂的逻辑时，Vue. js 框架提倡使用计算属性，在一个计算属性里可以完成各种复杂的逻辑，包括逻辑运算、函数调用等，只要最终返回一个结果就可以。在 Vue. js 框架中，所有计算属性都以函数的形式写在 Vue 实例的 computed 选项内，最终返回计算后的结果。

下面通过【实例 2-11】演示计算属性的使用。

【实例 2-11】计算属性的使用示例。

```
<! DOCTYPE html>
<html>
<head lang="en">
<meta charset="UTF-8">
<title></title>
<! --引入 Vue. js 核心文件-->
```

```
7 <script src="vue.js"></script>
8 </head>
9 <body>
10  <div id="app">
11  <p>原字符串:{{msg}}</p>
12  <p>反转字符串:{{reverseMsg}}</p>
13  </div>
14  <script>
15  var app=new Vue({
16      el:"#app",
17      data:{
18          msg:"Hello,computed!"
19      },
20      computed:{
21          //计算属性的 getter 函数
22          reverseMsg:function(){
23              return this.msg.split(").reverse().join(");
24          }
25      }
26  })
27  </script>
28</body>
29</html>
```

在上述代码中，第 20~25 行使用 computed 定义了计算属性 reverseMsg，提供的函数作为 getter 函数用来获取计算属性 reverseMsg 的值。因此，第 12 行代码直接调用该 getter 函数显示字符串反转之后的值。

运行【实例 2-11】后，在浏览器中生成的内容如图 2-12 所示。

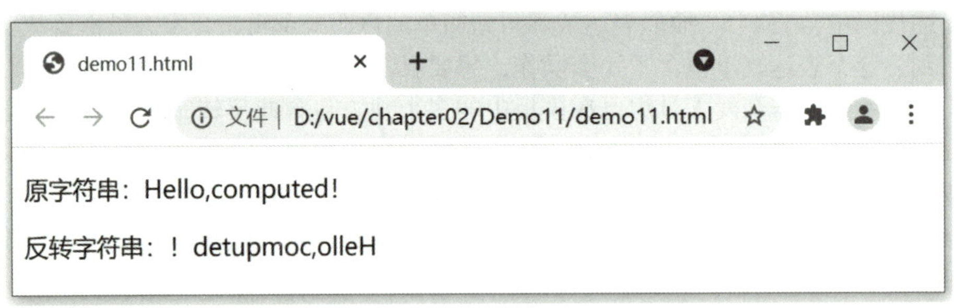

图 2-12　计算属性的使用运行效果图

此时，打开浏览器的控制台，输入 app. reverseMsg，将显示"！ detupmoc，olleH"，随后使用 app. msg="new"语句改变变量 msg 的值，页面上 reverseMsg 反转字符串的结果也会随之发生改变。显而易见，app. reverseMsg 的值取决于 app. msg 的值，这称为 app. reverseMsg 依赖于 app. msg。

开发人员可以在模板中像绑定普通属性一样绑定计算属性，计算属性自动监听依赖值的变化，当其依赖属性的值发生变化时，计算属性的值会自动更新，与之相关的 DOM 部分也会同步自动更新。

2.3.2　计算属性的缓存

读者也可以尝试在 methods 选项中定义方法，然后通过调用方法来达到同样的效果，代码如下所示：

```
<div id="app">
<p>原字符串:{{msg}}</p>
<p>反转字符串:{{reverseMsg()}}</p>
</div>
<script>
var app=new Vue({
    el:"#app",
    data:{
        msg:"Hello,computed!"
    },
    methods:{                              //定义方法
        reverseMsg:function(){
            return this.msg.split('').reverse().join('');
        }
    }
})
</script>
```

在上述代码中，将 reverseMsg 定义为一个方法而不是一个计算属性。最终的运行结果显示，两者的页面效果是一样的。但是不同的是，计算属性是基于其依赖值进行缓存的，计算属性只有在它的相关依赖发生改变时才会重新求值。对于【实例 2-11】而言，只要 msg 的值没有发生变化，任何时候访问 reverseMsg 计算属性都会立即返回之前的计算结果，而不必再次执行 getter 函数，这便是计算属性的缓存机制。而调用 methods 定义的方法时，每当页面刷新重新渲染时，方法都会再次被执行。

从 Vue. js 0. 12. 11 版本开始，默认提供了缓存开关，可以在计算属性对象中指定 cache 字段来控制是否开启缓存。代码如下所示：

```
computed:{
    //关闭缓存,默认为 true
    cache:false,
    //计算属性的 getter 函数
    reverseMsg:function(){
        return this.msg.split('').reverse().join('');
    }
}
```

在上述代码中，设置 cache 为 false 关闭缓存之后，每次访问计算属性 reverseMsg 时都会重新执行 getter 方法。

2.3.3　计算属性的 setter

每个计算属性都包含一个 getter 和 setter，上面的例子都是计算属性默认用法，只是利用了 getter 来读取。在开发人员需要时，也可以提供一个 setter 函数，那么手动修改计算属性的值就像修改一个普通属性那样，就会触发 setter 函数，执行一些自定义的操作。

下面通过【实例 2-12】演示如何定义计算属性的 setter。

【实例 2-12】计算属性的 setter 示例。

```
<! DOCTYPE html>
<html>
<head lang="en">
<meta charset="UTF-8">
<title></title>
<! --引入 Vue. js 核心文件-->
<script src="vue. js"></script>
</head>
<body>
<div id="app">
姓名:{{fullName}}
</div>
<script>
var app=new Vue({
    el:"#app",
    data:{
        firstName:"Emily",
        lastName:"Ford"
    },
    computed:{
        fullName:{
            //getter,读取时触发
            get:function ()
            {
                return this. firstName+""+this. lastName
            },
            //setter,写入时触发
            set:function (newValue)
            {
                var names=newValue. split("");
                this. firstName=names[0];
                this. lastName=names[1];
            }
        }
    }
})
</script>
</body>
</html>
```

在上述代码中，定义了计算属性 fullName，并定义了它的 getter 和 setter 方法，运行【实例

2-12】后，会在页面上显示 getter 中赋值的全名"Emily Ford"，之后打开浏览器的控制台，运行 app. fullName = "李 四"，在浏览器中生成的内容如图 2-13 所示。

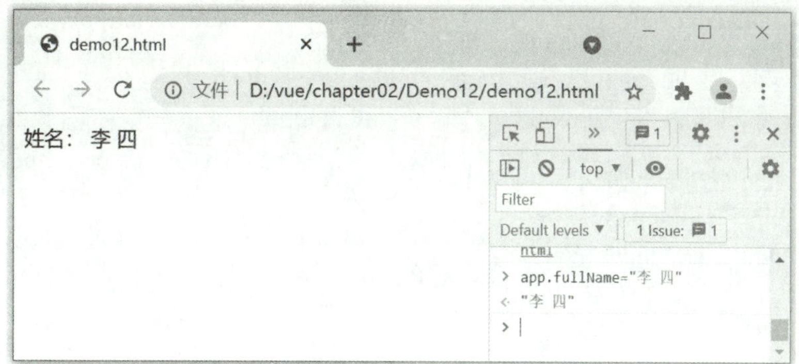

图 2-13　计算属性的 setter 运行效果图

可见，app. fullName = "李 四" 时，setter 函数会被调用，app. firstName 和 app. lastName 也会相应地被更新，视图同样也会更新。

绝大多数情况下，只会使用默认的 getter 函数来读取一个计算属性，在业务中很少使用到 setter，所以在声明一个计算属性的时候，可以直接使用默认的写法，不必将 getter 和 setter 都声明。

2. 3. 4　watch 监听属性

Vue. js 中的事件处理方法可以根据用户的需要自定义，能通过单击事件、焦点事件、鼠标事件等触发条件来触发，但是不能自动监听当前 Vue 实例对象的状态变化。为了解决上述问题，Vue. js 提供了 watch 状态监听功能，只要监听到当前 Vue 实例中的数据变化，就会调用当前数据所绑定的事件处理方法。

下面通过【实例 2-13】演示 watch 监听属性的使用。

【实例 2-13】watch 监听属性的使用示例。

```
<! DOCTYPE html>
<html>
<head lang="en">
<meta charset="UTF-8">
<title></title>
<! --引入 Vue.js 核心文件-->
<script src="vue.js"></script>
</head>
<body>
<div id="app">
千米:<input type="text"v-model="kilometers">
米:<input type="text"v-model="meters">
<p id="info"></p>
</div>
<script>
var app=new Vue({
```

```
    el:"#app",
    data:{
        kilometers:0,
        meters:0
    },
    watch:{
        //监听 kilometers 数据
        kilometers:function(val){
            this.kilometers=val;
            this.meters=this.kilometers* 1000;
        },
        //监听 meters 数据
        meters:function(val){
            this.meters=val;
            this.kilometers=val/1000;
        }
    }
});
//$watch 是 Vue.js 的 API 提供的一个方法,用来监听变量的数据变化
app.$watch("kilometers",function(newVal,oldVal){
    document.getElementById("info").innerHTML="修改前:"+oldVal+",修改后:"+newVal;
});
</script>
</body>
</html>
```

上述代码中，通过 data 数据选项定义了 kilometers 和 meters 数据，并使用 v-model 进行了双向数据绑定。通过 watch 选项定义了监听器，监听当前 Vue 实例中 kilometers 和 meters 数据的变化，同时绑定了事件处理方法。

运行【实例 2-13】，输入千米的数量，在浏览器中生成的内容如图 2-14 所示。

图 2-14　watch 监听属性的使用运行效果图

虽然大多数情况计算属性都可以满足需要，但有时还是需要使用监听属性。当需要在数据发生变化时执行异步操作或者开销较大的操作时，就需要使用监听属性。

那么，computed 与 watch 有什么区别呢？

(1) computed：监测的是依赖值，在依赖值不变的情况下其会直接读取缓存进行复用，在变化的情况下才会重新计算；computed 是同步的；computed 中的函数都是带返回值的。

(2) watch：监测的是属性值，只要属性值发生变化，其都会触发执行回调函数来执行一

系列操作；watch 可以实现异步；watch 里面的函数可以不写返回值。

计算属性适合用在模板渲染中，某个值是依赖了其他的响应式对象甚至是计算属性计算而来的；而监听属性适用于监听某个属性的变化去完成一段复杂的业务逻辑。简单地说，computed 能做的，watch 都能做，反之则不行。

2.4 class 与 style 的增强绑定

在 2.2.1 节中学习了 v-bind 指令绑定属性的基本用法，Web 前端应用中，操作元素的 class 列表和内联样式 style 是数据绑定的一个常见需求，因为它们都是 attribute，所以可以用 v-bind 处理它们，但若样式过于复杂，则需要书写长串的样式代码，这样一来，字符串拼接就很麻烦而且还很容易出错。因此，在将 v-bind 用于 class 和 style 时，Vue.js 做了专门的增强，表达式结果的类型除了字符串之外，还可以是对象或数组。

2.4.1 v-bind 绑定 class 属性

若想使用类样式(即以类名定义元素的样式，类样式一般以“.”号开头命名)，可以通过 v-bind 指令绑定 class 属性实现。下面通过【实例 2-14】演示如何绑定类样式。

【实例 2-14】绑定类样式示例。

```
<!DOCTYPE html>
<html>
<head lang="en">
<meta charset="UTF-8">
<title></title>
<!--引入 Vue.js 核心文件-->
<script src="vue.js"></script>
<style>
.outer{
    background-color:red;
    width:100%;
    height:200px;
}
.inner{
    background-color:blue;
    width:150px;
    height:100px;
    border:4px solid black;
    float:left;
}
.font{
    color:white;
    font-weight:bolder;
}
</style>
</head>
```

```
<body>
<div id="div">
<div v-bind:class="{outer}">
outer div
<div v-bind:class="{inner}">inner div</div>
<div v-bind:class="{inner}">inner div</div>
</div>
</div>
<script>
var app=new Vue({
    el:"#div",
    data:{
        outer:"outer",
        inner:"inner"
    }
});
</script>
</body>
</html>
```

在上述代码中，HTML页面结构中定义了一个外层<div>和两个内层<div>，均使用v-bind指令绑定了class类名属性，并在data数据中心定义了类名outer和inner。

运行【实例2-14】，在浏览器中生成的内容如图2-15所示。

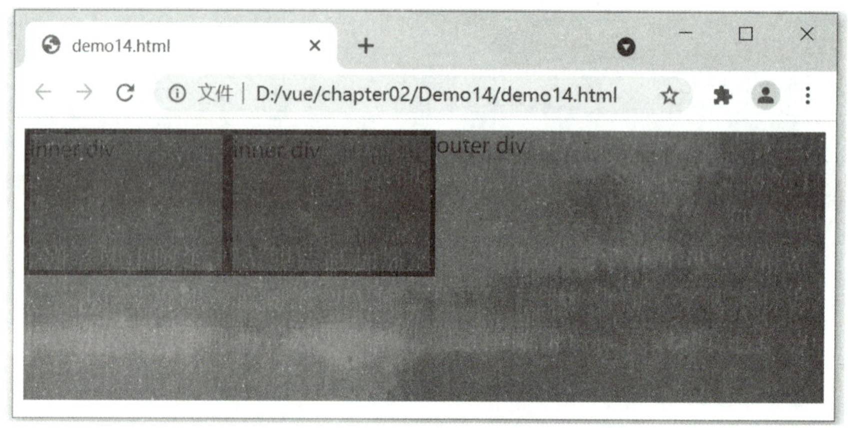

图2-15　绑定类样式运行效果图

从图2-15可以看出，outer样式为外层<div>的样式，背景色是红色，图中灰色区域；inner类样式表示内部<div>的样式，背景色为蓝色，图中黑色区域，Vue.js成功地将样式绑定到了页面中。

【实例2-14】中，不能动态地切换<div>的样式，若想动态切换class，可以传给v-bind:class一个对象，使用如下语法：

```
<div v-bind:class="{active:isActive}"></div>
```

上面的语法表示active这个class存在与否将取决于数据isActive是true还是false。修改【实例2-14】的代码如下：

```
<div id="div">
<div v-bind:class="{outer:isOuter,font:isFont}">
outer div
<div v-bind:class="{inner:isInner}">inner div</div>
<div v-bind:class="{inner:isInner}">inner div</div>
</div>
</div>
<script>
var app=new Vue({
    el:"#div",
    data:{
        isOuter:true,
        isInner:false,
        isFont:true
    }
});
</script>
```

在上述代码中，Vue 实例的 data 数据定义了三个属性 isOuter、isInner、isFont，外层<div>和内层<div>通过 v-bind：class 传入了数据对象，其表达式内哪一项为真时，对应的类名就会被加载，当 isOuter、isInner 及 isFont 的值变化时，对应的 class 类名也会更新，从而实现了样式的动态切换。

还可以将一个数组传给 v-bind：class，以应用一个 class 列表，代码如下所示：

```
<div id="div">
<div v-bind:class="[outer,font]">
outer div
<div v-bind:class="[inner,font]">inner div</div>
<div v-bind:class="[inner,font]">inner div</div>
</div>
</div>
<script>
var app=new Vue({
    el:"#div",
    data:{
        outer:"outer",
        inner:"inner",
        font:"font"
    }
});
</script>
```

上述代码通过 v-bind：class 传入了一个数组，使外层<div>和内层<div>都应用了两种样式。

2.4.2 v-bind 绑定内联样式 style

前面介绍了如何绑定类样式，下面介绍如何通过 v-bind 将内联样式(style)绑定给 DOM 元素，通过【实例 2-15】演示如何绑定内联样式。

【实例 2-15】绑定内联样式示例。

```
<! DOCTYPE html>
<html>
<head lang="en">
<meta charset="UTF-8">
<title></title>
<! --引入 Vue.js 核心文件-->
<script src="vue.js"></script>
</head>
<body>
<div id="div">
<div v-bind:style="{backgroundColor:yellow,width:width,height:height}">
使用内联样式的 div
</div>
</div>
<script>
var app=new Vue({
    el:"#div",
    data:{
        yellow:"yellow",
        width:"200px",
        height:"100px"
    }
});
</script>
</body>
</html>
```

在上述代码中，内层<div>的样式是通过使用 v-bind 指令绑定 style 属性实现的，样式表达式中 yellow、width、height 的值来自 Vue 实例中的 data 数据。

运行【实例 2-15】，在浏览器中生成的内容如图 2-16 所示。

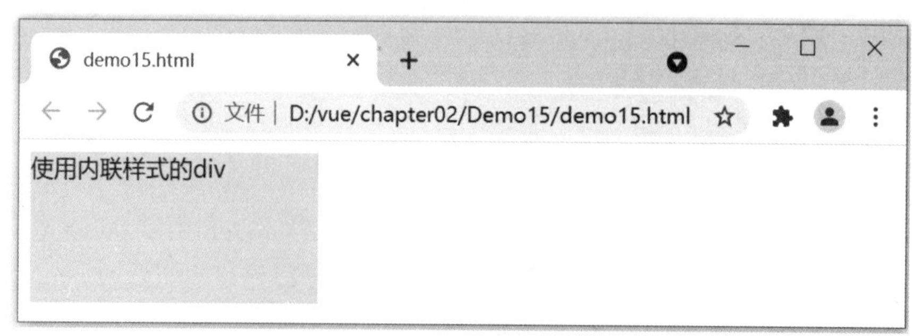

图 2-16 绑定内联样式运行效果图

在【实例 2-15】中，当内联样式代码过长时，这样书写非常难以阅读，也可以通过直接传入一个对象的形式进行使用，修改【实例 2-15】的代码如下：

```
<div id="div">
<div v-bind:style="myStyle">
绑定到样式对象
</div>
</div>
<script>
var app=new Vue({
    el:"#div",
    data:{
        myStyle:{
            backgroundColor:"yellow",
            width:"200px",
            height:"100px"
        }
    }
});
</script>
```

上述代码通过 v-bind：style 给内层<div>传入了一个对象，这样也成功绑定了样式，并让模板看起来更加清晰。

v-bind：style 的数组语法可以将多个样式对象应用到同一个元素上，语法如下所示：

```
<div v-bind:style="[baseStyles,overridingStyles]"></div>
```

读者可以自行修改【实例 2-15】，实现 v-bind：style 的数组语法形式。如果样式过于复杂，也可以放到一个 methods 或者 computed 中，此处不做代码演示，感兴趣的读者可以查阅官方文档了解这部分内容。

2.5 本章总结

本章主要讲解了创建 Vue 实例、Vue.js 的模板、data 数据、methods 方法、生命周期、常用指令、事件修饰符以及计算属性与监听属性等内容，通过本章的学习，读者对于 Vue.js 的基础特性有了深入的了解，应该重点掌握 Vue 实例中 data 数据、methods 方法和 computed 计算属性的定义，能够使用 v-bind 实现单向数据绑定、使用 v-model 进行双向数据绑定、使用 v-on 进行事件绑定，并能够使用事件修饰符如 .prevent 阻止默认事件行为，使用 .stop 阻止事件冒泡，以及使用 v-bind 绑定样式。

本章习题

一、判断题

1. Vue 实例中的 data 数据不具有响应特性。（　　）
2. 在项目中引入了 Vue.js 文件，才可以创建 Vue 实例。（　　）
3. Vue 实例对象只允许有唯一的一个根标签。（　　）

4. methods 选项中定义的方法不能在{{}}插值表达式中调用。 (　　)
5. v-bind 指令能够实现双向数据绑定。 (　　)
6. Vue 事件可以通过冒泡方式或捕获方式传递，默认是冒泡。 (　　)
7. 计算属性 computed 中的方法都是异步的。 (　　)

二、填空题

1. 通过__________方法创建 Vue 实例对象。
2. Vue 实例中的 el 表示__________。
3. Vue 实例中能够监听状态变化的是__________。
4. Vue 实例中实现双向数据绑定的是__________，它实际上是语法糖，是__________和__________的集合。
5. Vue 事件绑定指令是__________，它的语法糖语法是__________。
6. v-bind 指令能绑定__________或__________实现页面样式。

三、简答题

1. 请简述什么是 Vue 实例。
2. 事件修饰符 . stop 和 . self 有什么区别？请编写代码说明。
3. 请简述 computed 与 methods 的区别。

拓展实训

请编码：实现一个比较两个数大小的页面，效果图如图 2-17 所示。

提示：(1)使用 v-model 进行双向数据绑定。

(2)使用 methods 定义事件处理函数。

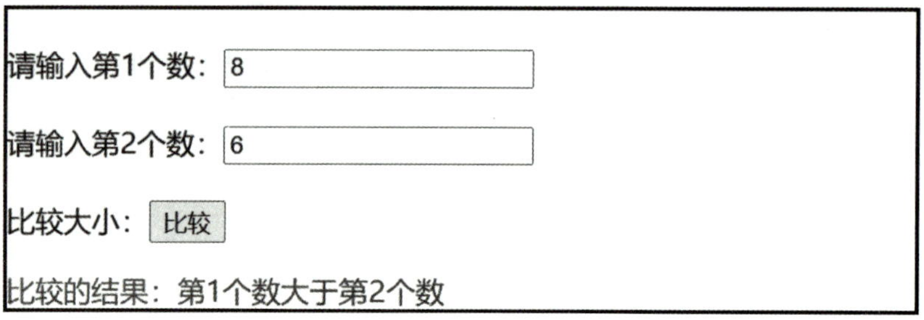

请输入第1个数：8

请输入第2个数：6

比较大小：比较

比较的结果：第1个数大于第2个数

图 2-17　比较两个数的大小效果图

第3章 内置指令

在上一章中，读者学习了 Vue. js 的基础特性，本章将学习 Vue. js 的内置指令。指令是 Vue. js 模板中最常用的一项功能，主要职责是当其表达式的值改变时，将其产生的连带影响响应式地作用于 DOM 元素。Vue. js 提供了很多内置指令，可以用简洁的代码来实现一些复杂的功能。这些内置指令是以 v-开头的，它们作用于 HTML 元素，将指令绑定在元素上时，指令会为绑定的目标元素添加一些特殊的行为，可以将指令看作特殊的 HTML 特性。在这一章中将学习到 v-for、v-if、v-show、filter 过滤器、按键修饰符、v-model 修饰符、自定义指令等 Vue. js 的内置指令。本章主要介绍内置指令的相关内容，并通过若干实例熟练使用 Vue. js 的内置指令。

本章的学习重点

- v-for 的使用
- v-if 的使用
- v-show 的使用
- v-if 和 v-show 的选择
- filter 过滤器
- v-model 修饰符

引导案例

在实际开发中，开发人员经常需要用到循环语句和条件语句处理业务逻辑；还可能需要使用过滤器来进行文本格式化；另外，在使用 v-model 指令的时候，可能会有一些特殊的处理需求。那么，在 Vue. js 中这些基本的循环语句、条件语句是怎样实现的呢？如何使用过滤器来进行文本格式化？使用 v-model 修饰符，如果需要做一些特殊的处理，该怎么办呢？

上述情景在实际开发中经常会碰到，读者通过本章的学习后，就可以用 Vue. js 编写循环语句、条件语句，可以使用过滤器来进行文本格式化，还可以对 v-model 指令做一些特殊处理。

3.1 列表渲染指令 v-for

3.1.1 原理概述

在第 2 章中，已经介绍过指令的概念了，并学习了很多内置指令如 v-text、v-html、v-

cloak、v-bind、v-on 以及 v-model 指令的基本用法，本章将继续介绍其他常用的内置指令。

v-for 指令是在模板编译的代码生成阶段实现的，当遍历数组或对象时需要使用列表渲染指令 v-for。当 Vue. js 用 v-for 正在更新已渲染过的元素列表时，它默认用“就地复用”策略。如果数据项的顺序被改变，Vue. js 将不再移动 DOM 元素来匹配数据项的改变，而是简单复用此处每个元素，并且确保它在特定索引下显示已被渲染过的每个元素。

3. 1. 2　基本用法

v-for 是 Vue. js 的循环语句，它的表达式需要结合着 in 或者 of 来使用，类似 item in items 的形式。下面通过【实例 3-1】循环普通数组。

【实例 3-1】v-for 循环普通数组示例。

```
<div id="app">
<ul>
<li v-for="(item,index)of fruit":key="index">
索引值 index:{{index}}---每一项 item:{{item}}
</li>
</ul>
</div>
<script>
new Vue({
    el:"#app",                              //绑定了 app 这个元素
    data:{
        fruit:["苹果","梨子","香蕉","橘子"]
    }
})
</script>
```

运行【实例 3-1】如图 3-1 所示。

- 索引值index：0---每一项item：苹果
- 索引值index：1---每一项item：梨子
- 索引值index：2---每一项item：香蕉
- 索引值index：3---每一项item：橘子

图 3-1　循环普通数组运行图

在表达式中，fruit 是数组，item 是当前的一条数据，index 代表当前索引值。列表渲染也可以用 in 来代替 of 作为分隔符。

代码中还有一个 key 属性，key 属性可以提高循环的性能。例如，在【实例 3-1】中，如果需要往 fruit 数组中新增数据，如果不用 key 属性的话，网页中整个列表都会被重新渲染，这样的代码会降低页面的性能，甚至在数据量多的时候会造成卡顿。这时，如果使用 key 值的话，Vue. js 就会只渲染新变化的内容。因此，key 属性可以增强渲染性能，避免重复渲染。

v-for 可以用来循环对象，为了更好地语义化，在【实例 3-2】中把参数改为了 value、key 和 index，其中 value 是属性值，key 是属性名，index 是属性索引。

【实例 3-2】v-for 循环对象示例。

```
<div id="app">
<ul>
<li v-for="(value,key,index)of apple":key="index">
属性索引:{{index}}---属性名:{{key}}---属性值:{{value}}
</li>
</ul>
</div>
<script>
new Vue({
    el:"#app",
    data:{
        apple:
        {name:"苹果",color:"红色"}
    }
})
</script>
```

运行【实例 3-2】如图 3-2 所示。

- 属性索引：0---属性名：name---属性值：苹果
- 属性索引：1---属性名：color---属性值：红色

图 3-2　循环对象运行图

除了循环数组和对象之外，v-for 还可以循环对象数组，具体如【实例 3-3】所示。

【实例 3-3】v-for 循环对象数组示例。

```
<div id="app">
<ul>
<li v-for="(item,index)of fruit":key="index">
索引值 index:{{index}}---每一项 name:{{item.name}}---每一项 color:{{item.color}}
</li>
</ul>
</div>
<script>
new Vue({
    el:"#app",
    data:{
        fruit:[
            {name:"苹果",color:"红色"},
            {name:"梨子",color:"黄色"},
            {name:"橘子",color:"橘色"},
            {name:"西瓜",color:"绿色"},
        ]
    }
})
</script>
```

运行【实例 3-3】如图 3-3 所示。

- 索引值index：0---每一项name：苹果---每一项color：红色
- 索引值index：1---每一项name：梨子---每一项color：黄色
- 索引值index：2---每一项name：橘子---每一项color：橘色
- 索引值index：3---每一项name：西瓜---每一项color：绿色

图 3-3　循环对象数组运行图

v-for 还可以用来迭代整数，具体如【实例 3-4】所示。

【实例 3-4】v-for 迭代整数示例。

```
<div id="app">
<ul>
<li v-for="count of 10">
这是第{{count}}次迭代
</li>
</ul>
</div>
<script>
new Vue({
    el:"#app",
})
</script>
```

运行【实例 3-4】如图 3-4 所示。

- 这是第1次循环
- 这是第2次循环
- 这是第3次循环
- 这是第4次循环
- 这是第5次循环
- 这是第6次循环
- 这是第7次循环
- 这是第8次循环
- 这是第9次循环
- 这是第10次循环

图 3-4　迭代整数运行图

3.2 条件渲染指令

3.2.1　v-if

v-if 是 Vue.js 的条件语句，v-if 指令用于条件性地渲染一块内容，这块内容只会在指令的表达式返回 true 值的时候被渲染。需特别注意的是，v-if 所关联的是 Vue.js 的动态变量。

v-if 的使用一般有两个场景。

(1)通过条件判断展示或者隐藏某个元素或者多个元素。

(2)进行视图之间的切换。

v-if 的基本使用如【实例 3-5】所示。

【实例 3-5】v-if 基本使用示例。

```
<! --使用 v-if 进行条件判断,条件为 true 则显示此标签,false 则不显示-->
<div id="app">
<p v-if="seen">现在你看到我了</p>
</div>
<script>
new Vue({
    el:'#app,
    data:{
        seen:true
    }
})
</script>
```

在【实例 3-5】中，seen 是 Vue. js 定义的一个变量。v-if 的变量值一般是 true 或者 false，当变量值为 true 时则显示元素，当变量值为 false 时隐藏元素。

可以用 v-else 指令给 v-if 添加一个"else"块，如【实例 3-6】所示。

【实例 3-6】v-else 基本使用示例。

```
<div id="app">
<p v-if="seen">现在你看到我了</p>
<p v-else>你看不到我了</p>
</div>
<script>
new Vue({
    el:'#app',
    data:{
        seen:true
    }
})
</script>
```

在【实例 3-6】中，当 seen 变量值为 true 时，网页上显示“现在你看到我了”，当 seen 变量值为 false 时则显示“你看不到我了”。

在 Vue. js 的 2. 1. 0 版本中新增了 v-else-if，顾名思义，用作 v-if 的 else-if 块，如【实例 3-7】所示。

【实例 3-7】v-else-if 基本使用示例。

```
<div id="app">
<p v-if="type==1">1</p>
<p v-else-if="type==2">2</p>
<p v-else="type==3">3</p>
</div>
<script>
new Vue({
    el:'#app',
```

```
    data:{
        type:2
    }
})
</script>
```

在【实例 3-7】中，当 type 变量值为 1 时，网页上显示“1”；当 type 变量值为 2 时，网页上显示“2”；当 type 变量值为 3 时，网页上显示“3”。

注意：v-else 、v-else-if 必须跟在 v-if 或者 v-else-if 之后。

3. 2. 2　v-show

v-show 是另一个条件渲染语句，用于根据条件展示元素，用法与 v-if 大致一样，v-show 的基本使用如【实例 3-8】所示。

【实例 3-8】v-show 基本使用示例。

```
<div id="app">
<h1 v-show="ok">Hello! </h1>
</div>
<script>
new Vue({
    el:'#app',
    data:{
        ok:true
    }
})
</script>
```

带有 v-show 的元素始终会被渲染并保留在 DOM 中，v-show 指令使用 CSS 样式来控制元素的显示和隐藏。值得注意的是，v-show 不支持<template>元素，也不支持 v-else。

3. 2. 3　v-if 与 v-show 的选择

v-if 和 v-show 都可以用来动态地控制 DOM 元素的显示和隐藏，但是，两者是有区别的。v-if 是“真正”的条件渲染，因为它会确保在切换过程中条件块内的事件监听器和子组件适当地被销毁和重建；v-if 也是“惰性”的：如果在初始渲染时条件为假，则什么也不做，直到条件第一次变为真时，才会开始渲染条件块。相比之下，v-show 就简单得多，不管初始条件是什么，元素总是会被渲染，并且只是简单地基于 CSS 进行切换。我们可以通过【实例 3-9】来比较一下。

【实例 3-9】v- if 和 v-show 的比较示例。

```
<div id="app">
<h1 v-show="seenShow">v-show:true</h1>
<h1 v-show="notSeenShow">v-show:false</h1>
<h1 v-if="seenIf">v-if:true</h1>
<h1 v-if="notSeenIf">v-if:false</h1>
</div>
```

```
<script>
new Vue({
    el:'#app',
    data:{
        seenShow:true,
        notSeenShow:false,
        seenIf:true,
        notSeenIf:false
    }
})
</script>
```

运行【实例 3-9】后，检查浏览器的 Elements，可以看到如图 3-5 所示的内容。

```
▼<div id="app">
   <h1>v-show: true</h1>
   <h1 style="display: none;">v-show: false</h1>
   <h1>v-if: true</h1>
   <!---->
 </div>
```

图 3-5　v-if 和 v-show 的比较运行图

可以看到使用 v-if 隐藏的内部元素不会被显示，Vue. js 不会尝试生成对应的 html 代码，而 v-show 是通过 CSS 的 display：none 来控制的。那么，v-if 和 v-show 应该如何选择使用呢?

一般来说，v-if 每次插入或者移除元素时都必须生成元素内部的 DOM 树，因此具有更高的切换开销，而 v-show 有更高的初始渲染开销。因此，如果需要非常频繁地切换，则使用 v-show 较好；如果在运行时条件很少改变，则使用 v-if 较好。

3. 3　filters 过滤器

Vue. js 允许自定义过滤器，过滤器的作用可被用于一些常见的文本格式化(也就是修饰文本，但是文本内容不会改变)。

过滤器可以用在两个地方：双花括号插值或 v-bind 表达式。

过滤器分全局过滤器和局部过滤器，首先来看局部过滤器，局部过滤器的使用如【实例 3-10】所示。

【实例 3-10】局部过滤器的使用示例。

```
<div id="app">
<p>电脑价格:{{price |addPriceIcon}}</p>
</div>
<script>
new Vue({
    el:"#app",
    data:{
        price:200
    },
```

```
    filters:{
        //处理函数
        addPriceIcon(value){
            console.log(value)//200
            return'¥'+value
        }
    }
})
</script>
```

这段代码的需求是，将价格前面加上人民币符号(¥)。模板中文本(price)后边需要添加管道符号(|)作为分隔，管道符(|)后边是文本的处理函数(addPriceIcon)，处理函数的第一个参数是管道符前边的文本内容(price)。这时可能读者会疑惑，为什么不能手动把人民币符号(¥)加上去呢？但是实际开发中，一个页面可能有上千个价格需要添加，或者有几十个页面需要添加的情况，所以这种通用机制很重要。

以上代码可以改为全局过滤器，改为全局过滤器后如【实例 3-11】所示。

【实例 3-11】全局过滤器的使用示例。

```
<div id="app">
<p>电脑价格:{{price |addPriceIcon}}</p>
</div>
<script>
Vue.filter("addPriceIcon",(value)=>{
    return"¥"+value
})
new Vue({
    el:"#app",
    data:{
        price:200
    }
})
</script>
```

当全局过滤器和局部过滤器重名时，会采用局部过滤器。

过滤器函数总接收表达式的值（之前的操作链的结果）作为第一个参数。在上述例子中，addPriceIcon 过滤器函数将会收到 price 的值作为第一个参数。

过滤器还可以串联，例如：

{{price | filterA | filterB}}

在这个例子中，filterA 被定义为接收单个参数的过滤器函数，表达式 price 的值将作为参数传入到函数中。然后继续调用同样被定义为接收单个参数的过滤器函数 filterB，将 filterA 的结果传递到 filterB 中。过滤器的串联如【实例 3-12】所示。

【实例 3-12】过滤器的串联示例。

```
<div id="app">
<p>电脑价格:{{price |addPriceIcon |addChinesePriceIcon}}</p>
</div>
```

```
<script>
Vue.filter("addPriceIcon",(value)=>{
   return"￥"+value
})
Vue.filter("addChinesePriceIcon",(value)=>{
   return"人民币"+value
})
new Vue({
   el:"#app",
   data:{
      price:200
   }
})
</script>
```

运行【实例 3-12】后，网页上将显示“电脑价格：人民币￥200”。

过滤器是 JavaScript 函数，因此可以接收两个参数：

{{price | filterA(arg)}}

这里，filterA 被定义为接收两个参数的过滤器函数。其中 price 的值作为第一个参数，表达式 arg 的值作为第二个参数。过滤器接收两个参数如【实例 3-13】所示。

【实例 3-13】过滤器接收两个参数示例。

```
<div id="app">
<p>电脑价格:{{price |addPriceIcon(unit)}}</p>
</div>
<script>
new Vue({
   el:"#app",
   data:{
      price:200,
      unit:"(元)"
   },
   filters:{
      //处理函数
      addPriceIcon(value1,value2){
         return'￥'+value1+value2;
      }
   }
})
</script>
```

运行【实例 3-13】后，网页上将显示“电脑价格：￥200(元)”。

以此类推，可以接收多个参数：

```
<div id="app">
{{a1 |filterAa(a2,a3,…an…)}}
```

```
</div>
<script>
filters:{
    filterAa(a1,a2,a3,…an…){
        //a1 是传入的第 1 个参数
        //a2 是传入的第 2 个参数
        //a3 是传入的第 3 个参数
        //……
        //an 是传入的第 n 个参数
    }
</script>
```

3.4 修饰符

3.4.1 按键修饰符

在第 2 章中学习过 v-on 指令用来进行事件监听(如单击事件、键盘事件等)，这里简单回顾一下 v-on 监听键盘事件的基本使用，如【实例 3-14】所示。

【实例 3-14】v-on 监听键盘事件的基本使用示例。

```
<div id="app">
<input v-on:keyup="counter+=1"/>
<p>在输入框中输入了{{counter}}个字符。</p>
</div>
<script>
new Vue({
    el:'#app',
    data:{
        counter:0
    }
})
</script>
```

运行【实例 3-14】后，在输入框中输入 5 个字符后，在浏览器中生成的内容如图 3-6 所示。

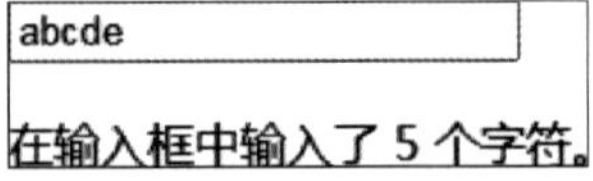

图 3-6　v-on 监听键盘事件的基本使用运行图

在监听键盘事件时，经常需要检查详细的按键。Vue.js 允许为 v-on 在监听键盘事件时添加按键修饰符，例如：

```
<! -- 只有在'key'是'enter'时调用'submit()' -->
<input v-on:keyup.enter="submit">
<! -- 缩写语法 -->
<input @ keyup.enter="submit">
```

这里列出官方提供的所有按键修饰符别名：

```
.enter=>// enter 键
.tab=>// tab 键
.delete (捕获“删除”和“退格”按键)=>// 删除键
.esc=>// 取消键
.space=>// 空格键
.up=>// 上
.down=>// 下
.left=>// 左
.right=>//右
```

以回车键为例，键盘监听事件如【实例 3-15】所示。

【实例 3-15】回车键按键修饰符示例。

```
<div id="app">
<input type="text"name=""id=""v-model="content"v-on:keyup.enter="fun(con-
tent)"/>
</div>
<script type="text/javascript">
new Vue({
    el:'#app',
    data:{
        content:''
    },
    methods:{
        fun:function(data){
            alert('录入内容为:'+data)
            this.content=''
        }
    }
});
</script>
```

运行【实例 3-15】，在 input 框中输入“你好”后按下回车键，松开回车键后在浏览器中将弹出对话框“录入内容为：你好”。

Vue.js 还支持自定义按键修饰符，可以利用按键对应的键码来实现。例如，需要把【实例 3-15】的功能改成松开 F2 后弹出输入的内容，而 F2 对应的键码是 113，那么就可以对代码进行如下修改，如【实例 3-16】所示。

【实例 3-16】自定义按键修饰符示例。

```
<div id="app">
<input type="text" name="" id="" v-model="content" v-on:keyup.113="fun
(content)"/>
</div>
<script type="text/javascript">
new Vue({
```

```
    el:'#app',
    data:{
        content:''
    },
    methods:{
        fun:function(data){
            alert('录入内容为:'+data)
            this.content=''
        }
    }
});
</script>
```

运行【实例 3-16】，在 input 框中输入“你好”后按下 F2，松开 F2 后在浏览器中将弹出对话框“录入内容为：你好”。

3.4.2 v-model 修饰符

在第 2 章中学习了 v-model 指令，v-model 可以实现表单元素和数据的双向绑定。与事件的修饰符类似，v-model 指令也有修饰符，用于控制数据同步的机制。

v-model 有 3 个修饰符，分别是 lazy、number、trim。

1. .lazy

v-model 默认是在 input 事件中同步输入框中的内容的，即一旦有数据发生改变，对应的 data 中的数据就会自动发生改变。若使用 lazy 修饰符，可以让数据在失去焦点或者回车时才会更新，lazy 修饰符的使用如【实例 3-17】所示。

【实例 3-17】v-model 的 lazy 修饰符使用示例。

```
<div id="app">
<input v-model.lazy="content"/>
<div>{{content}}</div>
</div>
<script>
new Vue({
    el:"#app",
    data:{
        content:"this is content"
    }
});
</script>
```

2. .number

默认情况下，在输入框中输入的内容会被当作字符串类型进行处理，这是 HTML 的底层逻辑造成的，如果加上 number 修饰符，就可以让你在输入数字的时候将输入的内容转换成 number 类型。number 修饰符的使用如【实例 3-18】所示。

【实例 3-18】v-model 的 number 修饰符使用示例。

```
<div id="app">
<input v-model="content1"/>
<div>【不加 number 修饰符】输入内容:{{content1}}</div>
<div>【不加 number 修饰符】数据类型:{{typeof content1}}</div>
<input v-model.number="content2"/>
<div>【加 number 修饰符】输入内容:{{content2}}</div>
<div>【加 number 修饰符】数据类型:{{typeof content2}}</div>
</div>
<script>
new Vue({
    el:"#app",
    data:{
        content1:"content1",
        content2:"content2"
    }
});
</script>
```

运行【实例 3-18】后，分别在第一个输入框和第二个输入框中输入“1”，在浏览器中生成的内容如图 3-7 所示。

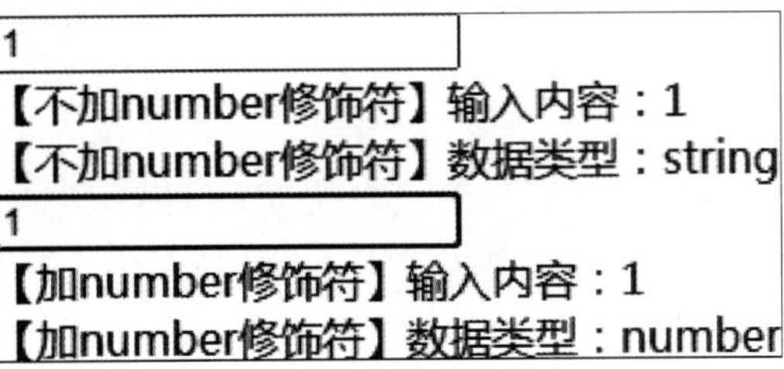

图 3-7　v-model 的 number 修饰符使用运行图

3. .trim

trim 修饰符可以去除输入内容左右两边的空格，trim 修饰符的使用如【实例 3-19】所示。

【实例 3-19】v-model 的 trim 修饰符使用示例。

```
<div id="app">
<input v-model.trim="content"/>
<div>输入内容:"{{content}}"</div>
</div>
<script>
new Vue({
    el:"#app",
    data:{
        content:"content",
    }
});
</script>
```

3.5 自定义指令

除了核心功能默认内置的指令，Vue.js 允许注册自定义指令。添加一个自定义指令，有两种方式。

(1)通过 Vue.directive()函数注册一个全局的指令。

(2)通过组件的 directives 属性，对该组件添加一个局部的指令。

现在写一个自定义的 v-mycolor 全局指令，该指令的作用是使文字变成红色，如【实例 3-20】所示。

【实例 3-20】自定义指令 v-mycolor 示例。

```
<div id="app">
<div v-mycolor="color"id="demo">
{{hello}}
</div>
</div>
<script>
Vue.directive('mycolor',function(el,binding,vnode){
    el.style='color:'+binding.value;
});
new Vue({
    el:"#app",
    data:{
        hello:"你好",
        color:'red'
    }
});
```

运行【实例 3-20】后，可以看到网页上的“你好”是红色的，说明自定义指令起到了作用。

在这个自定义指令中，可以传递三个参数。

el：指令所绑定的元素，可以用来直接操作 DOM。

binding：一个对象，包含指令的很多信息。

vnode：Vue.js 编译生成的虚拟节点。

自定义指令有五个生命周期(也叫钩子函数)：

(1)bind：只调用一次，指令第一次绑定到元素时调用，用这个钩子函数可以定义一个绑定时执行一次的初始化动作。

(2)nserted：被绑定元素插入父节点时调用(父节点存在即可调用，不必存在于 document 中)。

(3)update：被绑定于元素所在的模板更新时调用，而无论绑定值是否变化。通过比较更新前后的绑定值，可以忽略不必要的模板更新。

(4)componentUpdated：被绑定元素所在模板完成一次更新周期时调用。

(5)unbind：只调用一次，指令与元素解绑时调用。

钩子函数的参数如下所示。

el：与上文介绍的一样，el 是指令所绑定的元素，可以用来直接操作 DOM；

binding：与上文介绍的一样，binding 是一个对象，包含以下属性：

（1）name：指令名，不包括 v-前缀。

（2）value：指令的绑定值，例如：v-my-directive="1+1"，value 的值是 2。

（3）oldValue：指令绑定的前一个值，仅在 update 和 componentUpdated 钩子中可用，无论值是否改变都可用。

（4）expression：绑定值的表达式或变量名。例如 v-my-directive="1+1"，expression 的值是"1+1"。

（5）arg：传给指令的参数。例如 v-my-directive：foo，arg 的值是"foo"。（6）modifiers：一个包含修饰符的对象。例如：v-my-directive. foo. bar，修饰符对象 modifiers 的值是{foo：true，bar：true}。

oldVnode：上一个虚拟节点，仅在 update 和 componentUpdated 钩子中可用。

使用钩子函数的自定义指令如【实例 3-21】所示。

【实例 3-21】使用钩子函数的自定义指令示例。

```
<div id="app">
<div v-mycolor="color"id="demo">
{{num}}
</div>
<div>
<button @ click="add">Add</button>
</div>
</div>
<script>
Vue. directive('mycolor',
{
    bind:function(){
        console. log('1-被绑定时调用 bind');
    },
    inserted:function(el,binding,vnode){
        alert('绑定到节点时调用 inserted');
        console. log('2-绑定到节点时调用 inserted');
        el.style='color:'+binding.value;
    },
    update:function(el,binding,vnode){
        alert('3-组件更新时调用 update');
        console. log('3-组件更新时调用 update');
        el.style='color:green';
    },
    componentUpdated:function(){//组件更新完成
        console. log('4-组件更新完成时调用 componentUpdated');
        },
    }
);
```

```
new Vue({
    el:'#app',
    data:{
        num:10,
        color:'red'
    },
    methods:{
        add:function(){
            this.num++;
        }
    }
});
</script>
```

运行【实例 3-21】后，浏览器会弹出“绑定到节点时调用 inserted”，这时文字的颜色会变成红色，且浏览器的控制台中的输出如图 3-8 所示。

```
1-被绑定时调用bind                              实例3-21.html:22
2-绑定到节点时调用inserted                      实例3-21.html:26
Download the Vue Devtools extension           vue.js:9055
for a better development experience:
https://github.com/vuejs/vue-devtools
You are running Vue in development            vue.js:9064
mode.
Make sure to turn on production mode when
deploying for production.
See more tips at https://vuejs.org/guide/deploymen
t.html
```

图 3-8 使用钩子函数编写自定义指令 1

当点击“Add”按钮时，浏览器会弹出“3-组件更新时调用 update”，这时文字会由“10”变成“11”，字体颜色会变成绿色，且浏览器的控制台中的输出如图 3-9 所示。

```
1-被绑定时调用bind                              实例3-21.html:22
2-绑定到节点时调用inserted                      实例3-21.html:26
Download the Vue Devtools extension           vue.js:9055
for a better development experience:
https://github.com/vuejs/vue-devtools
You are running Vue in development            vue.js:9064
mode.
Make sure to turn on production mode when
deploying for production.
See more tips at https://vuejs.org/guide/deploymen
t.html
3-组件更新时调用update                          实例3-21.html:31
4-组件更新完成时调用                            实例3-21.html:35
componentUpdated
```

图 3-9 使用钩子函数编写自定义指令 2

局部自定义指令如【实例 3-22】所示。

【实例 3-22】局部自定义指令示例。

```
    <div id="app">
<div v-mycolor="color"id="demo">
```

```
{{hello}}
</div>
</div>
<script>
new Vue({
    el:"#app",
    data:{
        hello:"你好",
        color:'red'
    },
    directives:{
        mycolor:{
            bind:function (el,binding,vnode){
                el.style='color:'+binding.value;
            }
        }
    }
});
</script>
```

3.6 学生信息增、删、查案例

为了加深对本章的理解，在这里使用一个综合案例来进行演示。该案例中主要实现学生信息的增、删、查。具体需求描述如下所示：

(1) 定义一个列表，并渲染到网页上。

(2) 添加新的列表项。

(3) 删除指定的列表项。

(4) 实现搜索功能。

(5) 使用 filters 过滤器进行文本格式化。

实现的代码如【实例 3-23】所示。

【实例 3-23】学生信息增、删、查案例实现代码。

```
<div id="app">
<div class="panel panel-primary">
<div class="panel-heading">
<h3 class="panel-title">添加学生</h3>
</div>
<div class="panel-body form-inline">
<label>
Id:
<input type="text"class="form-control"v-model="id">
</label>

<label>
```

```
Name:
<input type="text"class="form-control"v-model="name">
</label>

<input type="button"value="添加"class="btn btn-primary"@ click="add">

<label>
搜索名称关键字:
<input type="text"class="form-control"v-model="keywords">
</label>
</div>
</div>

<table class="table table-bordered table-hover table-striped">
<thead>
<tr>
<th>Id</th>
<th>Name</th>
<th>Ctime</th>
<th>Operation</th>
</tr>
</thead>
<tbody>
<tr v-for="user in search(keywords)":key="user.id">
<td>{{user.id}}</td>
<td>{{user.name}}</td>
<td>{{user.ctime |newTime}}</td>
<td><a href=""@ click.prevent="del(user.id)">删除</a></td>
</tr>
</tbody>
</table>
</div>
<script>
//定义一个全局过滤器,将 ctime 过滤为 yyyy-mm-dd
Vue.filter('newTime',function (data){
    var dt=new Date(data)
    var y=dt.getFullYear()
    var m=dt.getMonth()+1
    var d=dt.getDate()
    return' ${y}-${m}-${d}'
})
var vm=new Vue({
    el:"#app",
    data:{
        list:[
```

```
            {id:1,name:'姚辉',ctime:new Date()},
            {id:2,name:'孙西文',ctime:new Date()},
            {id:3,name:'胡娟',ctime:new Date()},
            {id:4,name:'李文骁',ctime:new Date()}
        ],
        id:",
        name:",
        keywords:"
    },
    methods:{
        add(){
            this.list.push({id:this.id,name:this.name,ctime:new Date()})
            this.id=this.name="
        },
        del(id){
            var index=this.list.findIndex((item)=>{
                if (item.id==id){
                    return true
                }
            })
            this.list.splice(index,1)
        },
        search(keywords){
            var newList=[]
            this.list.forEach((item)=>{
                //item.name 是否包含 keywords
                if(item.name.indexOf(keywords)! =-1){
                    newList.push(item)
                }
            })
            return newList
        }
    }
})
</script>
```

运行【实例 3-23】如图 3-10 所示。

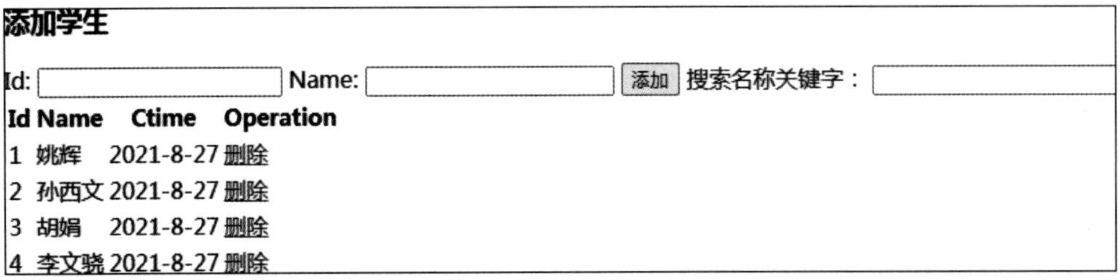

添加学生

Id: [　　　] Name: [　　　] [添加] 搜索名称关键字：[　　　]

Id	Name	Ctime	Operation
1	姚辉	2021-8-27	删除
2	孙西文	2021-8-27	删除
3	胡娟	2021-8-27	删除
4	李文骁	2021-8-27	删除

图 3-10　学生信息录入运行图

在输入学生的相关信息后，可以录入学生的相关信息。例如，在 Id 处输入“5”，Name 处输入“张三”，点击“添加”按钮后，运行结果如图 3-11 所示。

添加学生

Id: Name: 添加 搜索名称关键字：

Id	Name	Ctime	Operation
1	姚辉	2021-8-27	删除
2	孙西文	2021-8-27	删除
3	胡娟	2021-8-27	删除
4	李文骁	2021-8-27	删除
5	张三	2021-8-27	删除

图 3-11　新增学生运行图

点击某个学生对应的删除操作，可以删除对应的学生信息。例如，点击“姚辉”对应的删除操作，运行结果如图 3-12 所示。

添加学生

Id: Name: 添加 搜索名称关键字：

Id	Name	Ctime	Operation
2	孙西文	2021-8-27	删除
3	胡娟	2021-8-27	删除
4	李文骁	2021-8-27	删除
5	张三	2021-8-27	删除

图 3-12　删除学生运行图

在“搜索名称关键字”处输入学生姓名的关键字，可以对姓名进行模糊搜索。例如，在“搜索名称关键字”处输入“张”，运行结果如图 3-13 所示。

添加学生

Id: Name: 添加 搜索名称关键字： 张

Id	Name	Ctime	Operation
5	张三	2021-8-27	删除

图 3-13　查找学生运行图

3.7 本章总结

在本章中学习了 Vue. js 的内置指令。学习了用 v-for 来循环数组、对象、对象数组，迭代整数；学习了 v-if、v-else、v-else-if 及 v-show，并对 v-if 和 v-show 进行了比较；学习了 filter 过滤器进行文本格式化，包括局部过滤器、全局过滤器、过滤器串联，以及如何使用过滤器接收多个参数；学习了按键修饰符，包括官方提供的按键修饰符和自定义按键修饰符；学习了 v-model 的 lazy、number、trim 修饰符；学习了自定义指令，包括全局自定义指令、局部自定义指令，以及钩子函数。

本章习题

一、填空题

1. v-for 可以用来循环______、______、______，还可以用来迭代______。

2. v-if 的变量值为______时则显示元素，当变量值为______时则隐藏元素。

3. v-if 和 v-show 相比较，________具有更高的切换开销，________具有更高的初始渲染开销。

4. 过滤器可以用在两个地方：________或________。

5. 使用 filters 过滤器，当全局过滤器和局部过滤器重名时，会采用________。

二、简答题

1. 请简述 v-if 和 v-show 的区别。

2. 请列出 Vue.js 官方所支持的按键修饰符别名。

3. 请列出 v-model 的修饰符。

4. 请列出自定义指令的 5 个钩子函数。

拓展实训

1. 请使用 v-for 指令遍历数组["小学","初中","高中","大学"]，并将数据渲染到网页的列表中。

2. 请使用 v-if 指令，实现如下需求：如果 data 中 score 的值大于 80，则显示优秀；如果在 60~80 之间则显示良好；否则显示不合格。

3. 现在 data 中有一个 height，请使用过滤器为 height 进行文本格式化，文本格式如下：身高 height(cm)。

4. 请使用按键修饰符，为 F4 添加如下键盘监听事件：按下 F4，松开后在网页中弹出输入框中的内容。

5. 请分别在 input 上使用 v-model 的 lazy、number、trim 修饰符。

6. 请写一个自定义指令，将网页中 id 为 demo 的 div 的背景颜色变成黄色。

第4章　组　件

在上一章节中学习了 Vue. js 中的内置指令，本章学习 Vue. js 中的组件。组件（Component）是 Vue. js 最核心的功能，也是整个框架设计最精彩的地方，当然相对来说也最难掌握。本章主要介绍组件的相关内容，并通过几个实例熟练使用 Vue. js 的组件。

本章的学习重点

- 组件的创建和使用
- 组件通信
- 使用 slot 分发内容
- 组件案例开发

引导案例

在实际应用中，经常会碰到相同的页面设计小功能多次使用，例如在页面完成一个简单的计数器，输入框设定一个初始值，单击加号数字加 1，单击减号数字减 1，如果在多处需要使用该计数器，大家肯定觉得复制粘贴就行了，那如果提出新的需求，不同页面使用该计数器初始值是不一样，那此时就需要手动一个个去修改，如果再提出一个新需求，不同页面调用的计数器最大值最小值的限制也不一样，虽然可手动修改，但是一旦使用的次数很多，修改起来就非常的麻烦，而且容易出错，那该怎么办呢？

上述的计数器是一个非常简单的应用，提出的需求虽然烦琐，但是在实际业务中却很常见，其本质就是一些控件的复用。Vue. js 的组件就是提高重用性，让代码可复用，当学习了组件后，上面关于计数器复用以及提出的需求问题就极易解决。

4.1 组件简介

组件是 Vue. js 最强大的功能之一，组件可以扩展 HTML 元素，也可以封装可重用的代码，组件系统让开发人员可以用独立可复用的小组件来构建大型应用，几乎任意类型的应用界面都可以抽象为一个组件树，如图 4-1 所示。

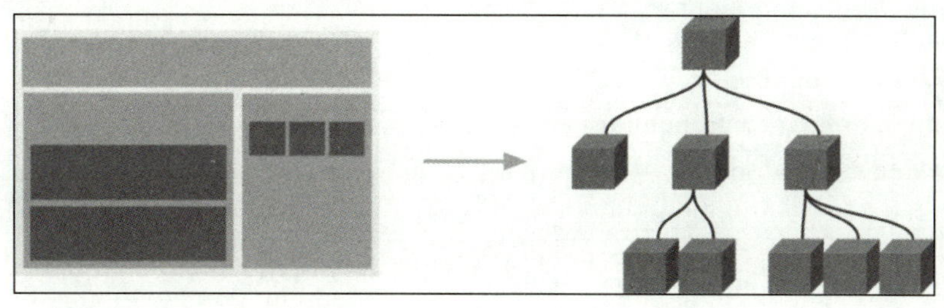

图 4-1 组件树示意图

4.1.1 什么是组件

组件的出现，就是为了拆分 Vue 实例的代码量，能够让开发人员以不同的组件，来划分不同的功能模块，将来需要什么样的功能，去调用对应的组件即可。需要区分的是，模块化是从代码逻辑的角度进行划分的，主要是为了方便代码分层开发，保证每个功能模块的职能单一；而组件化是从 UI 界面的角度进行划分的，前端的组件化，方便 UI 组件的重用。下面来看一个使用 Vue.js 完成的计数器组件示例，具体如【实例 4-1】所示。

【实例 4-1】Vue.js 组件的示例。

```
//定义一个名为 button-counter 的新组件
Vue.component('button-counter',{
    data:function (){
        return{
            count:0
        }
    },
    template:'<button v-on:click="count++">你单击了{{count}}次</button>'
})
```

组件是可复用的 Vue 实例，且带有一个名字：在这个例子中是<button-counter>。开发人员可以在一个通过 new Vue 创建的 Vue 根实例中，把这个组件作为自定义元素来使用：

```
<div id="app">
<button-counter></button-counter>
</div>
```

实例对象：

```
var vm=new Vue({el:'#app'})
```

运行【实例 4-1】如图 4-2 所示。

你单击了 3 次

图 4-2 计数器组件运行图

组件是可复用的 Vue 实例，它们与 new Vue 接收相同的选项，例如 data、computed、watch、methods 以及生命周期钩子等，除了 el，它是根实例特有的选项。

4.1.2 为什么使用组件

以上述计数器为例，如果不使用组件，使用 JavaScript 方法也可以完成，但是如果要多次调用，就需要将代码多次复制粘贴，造成代码重复冗余，使用组件可以轻松地进行任意次数的复用，代码如下：

```
<div id="app">
<button-counter></button-counter>
<button-counter></button-counter>
<button-counter></button-counter>
</div>
```

在上述代码中，组件调用了 3 次，运行效果如图 4-3 所示。

你单击了 0 次	你单击了 0 次	你单击了 0 次

图 4-3　计数器组件复用运行图

从上述代码中不难发现，使用组件可以方便重复使用，减少代码重复冗余，便于多人协同开发，有助于提高开发效率，提升整个项目的可维护性。

4.2 组件的使用

在上一节中大家对组件有了初步的认知，本小节就来看看组件具体的使用。

4.2.1 组件的创建

为了能在模板中使用，这些组件必须先注册以便 Vue. js 能够识别。组件注册有两种类型：全局注册和局部注册。接下来分别来看如何注册全局组件以及局部组件。

1. 全局注册组件

全局注册的组件可以用在其被注册之后的任何（通过 new Vue）新创建的 Vue 根实例，也包括其组件树中的所有子组件的模板中。

注册组件需要使用 Vue. extend 方法创建一个组件模板对象，再使用 Vue. component 方法进行注册。Vue. extend 方法格式如下：

```
var com1=Vue.extend({
    template:'<h3>这是 myCom1 组件</h3>'
})
```

如果想要在其他地方使用这个创建的组件，需使用 Vue. component 方法注册组件的同时为组件命名，Vue. component 方法格式如下：

```
Vue.component('myCom1',com1)
```

其中 myCom1 为自定义的组件名称，需要注意的是，如果组件名称使用了驼峰命名，则在引用组件的时候，需要把大写的驼峰改为小写的字母，同时，两个单词之间，使用“-”连接，例如上述的 myCom1 使用时需变化为<my-com1>，如果不使用驼峰形式的命名，则直接使用名称，命名之后即可在 HTML 标签中使用这个组件名称，像使用 DOM 元素一样，引入页面中即可，方法如下：

```
<div id="app">
    <my-com1></my-com1>
    </div>
```

上述创建组件和注册组件可合并，具体代码如下：

```
Vue.component('myCom1',Vue.extend({
    template:'这是 myCom1 组件</h3>'
}))
```

其中，Vue.extend 方法名称可省略，具体代码如下：

```
Vue.component('myCom1',{
    template:'<h3>这是 myCom1 组件</h3>'
})
```

整理代码，看一下上述案例的完整代码，具体如【实例 4-2】所示。

【实例 4-2】组件创建示例。

```
<div id="app">
<my-com1></my-com1>
</div>
<script>
Vue.component('myCom1',{
    template:'<h3>这是 myCom1 组件</h3>'
})
var vm=new Vue({el:'#app'});
</script>
```

【实例 4-2】运行效果如图 4-4 所示。

这是myCom1组件

图 4-4　创建组件运行效果图

在前面的开发中，template 模板是用字符串表示的，这种方式的开发既容易出错，又不便于复杂页面的编写，Vue.js 提供了<template>标签来定义组件结构的模板，模板代码直接写在 HTML 结构中，通过 id 值绑定到组件内的 template 属性上，这样有利于代码提示以及高亮显示，能改善开发体验，提高开发效率，下面通过【实例 4-3】来看看使用<template>标签如何创建组件。

【实例 4-3】使用<template>创建组件。

```
1  <div id="app">
2  <mycom></mycom>
3  </div>
4  <template id="tmp1">
5  <h3>这是通过 template 标签创建出来的组件</h3>
6  </template>
7  <script>
8  Vue.component('mycom',{
9      template:"#tmp1"
10  })
11  var vm=new Vue({el:'#app'})
12  </script>
```

上述代码中第 4 行中定义了<template>标签的 id 为 tmp1，在第 9 行中，通过 id 将模板与组件绑定起来。需要注意的是，<template>必须在被 Vue 实例对象控制的#app 外面使用，来定义组件的 HTML 模板结构。

无论是以哪种方式创建出来的组件，组件的 template 属性指向的模板内容，必须有且只有唯一的根元素，例如将【实例 4-3】中的 template 模板改成以下形式是错误的：

```
<template id="tmpl">
<h3>这是通过 template 标签创建出来的组件</h3>
<p>我是组件正文</p>
</template>
```

运行【实例 4-3】，运行效果如图 4-5 所示。

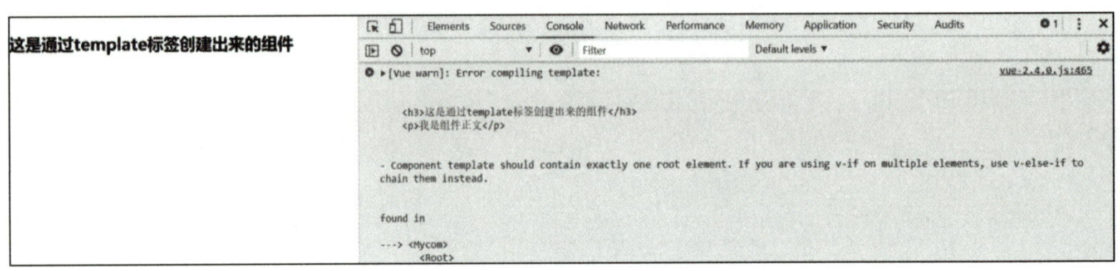

图 4-5　创建组件运行效果错误示例图

因此需要给<template>中的元素添加一个根元素，具体如下所示：

```
<template id="tmpl">
<div>
<h3>这是通过 template 标签创建出来的组件</h3>
<p>我是组件正文</p>
</div>
</template>
```

修改完成后，运行没有错误，且模板中的结构元素能正确显示。

2. 局部注册组件

局部组件又称为私有组件，私有组件是通过 Vue 实例的 components 属性来实现的，下面通过实例来演示，具体见【实例 4-4】。

【实例 4-4】私有组件注册示例。

```
<div id="app">
<vmcom1></vmcom1>
</div>
<template id="tmpl">
<div>
<h3>我是 vm 实例对象的私有组件 tmpl</h3>
</div>
</template>
<script>
var vm=new Vue({
    el:'#app',
    data:{},
    methods:{},
```

```
    components:{
        //创建局部组件,组件名称为 vmcom1
        vmcom1:{
            template:'#tmp1'
        }
    }
})
</script>
```

私有组件只能在创建该组件的 Vue 实例对象控制的区域使用，其他 Vue 实例对象是无法使用的。

4.2.2　组件的数据和方法

组件中除了 template 选项外，还可以像 Vue 实例那样使用其他的选项，例如 data、computed、methods 等。组件中的 data 跟 Vue 实例对象中的 data 有点不一样，实例对象中的 data 为一个对象，而组件中的 data 必须是一个函数，且必须将数据 return 出去，例如【实例 4-5】所示。

【实例 4-5】组件中的 data 示例。

```
<div id="app">
<mycom1></mycom1>
</div>
<script>
Vue.component('mycom1',{
    template:'<div>{{msg}}</div>',
    data:function (){
        return{
            msg:'mycom1 组件内容'
        }
    }
})
var vm=new Vue({
    el:'#app',
    data:{},
    methods:{}
});
</script>
```

为什么组件中的 data 不能为一个对象呢？大家知道 JavaScript 对象是引用关系，如果 return 出的数据引用了外部的一个对象，那么这个对象就是共享的，任何一方修改都会同步，以最开始写的计算器为例，如果组件中的 data 为一个外部对象被 return 的时候，单击的次数为共享的，单击任何一个按钮，其他按钮的数据都会发生变化，具体见【实例 4-6】。

【实例 4-6】组件中的 data。

```
<div id="app">
<button-counter></button-counter>
```

```
<button-counter></button-counter>
<button-counter></button-counter>
</div>
<script>
var dataObj={
    count:0
}
Vue.component('button-counter',{
    data:function(){
        return dataObj
    },
    template:'<button v-on:click="count++">你单击了{{count}}次</button>'
})
var vm=new Vue({el:'#app'})
</script>
```

运行结果如图 4-6 所示。

你单击了 3 次	你单击了 3 次	你单击了 3 次

图 4-6　计数器组件运行效果图 1

显然，这种结果是不符合需求的，数据共享的话失去了复用的作用，所以需要给组件一个新的 data 对象来独立，实例代码如下：

```
<div id="app">
<button-counter></button-counter>
<button-counter></button-counter>
<button-counter></button-counter>
</div>
<script>
Vue.component('button-counter',{
    data:function(){
        return{
            count:0
        }
    },
    template:'<button v-on:click="count++">你单击了{{count}}次</button>'
})
var vm=new Vue({el:'#app'})
</script>
```

将代码修改之后再运行，效果如图 4-7 所示。

你单击了 1 次	你单击了 2 次	你单击了 3 次

图 4-7　计数器组件运行效果图 2

这样，三个按钮互不影响，多次调用也互不干扰，完全达到复用的目的。

组件中的 methods 属性跟 Vue 实例中的 methods 属性一样使用，接下来将上述的计数器修改为加减号形式的计数器，调用方法来达到加减的目的，具体如【实例 4-7】所示。

【实例 4-7】组件中的 methods。

```
<div id="app">
<counter></counter>
<hr/>
<counter></counter>
</div>
<template id="tmp1">
<div>
<input type="button"value="+1"@ click="add">
{{count}}
<input type="button"value="-1"@ click="sub">
</div>
</template>
<script>
Vue. component('counter',{
    template:'#tmp1',
    data:function (){
        return{count:0}
    },
    methods:{
        add(){
            this. count++
        },
        sub(){
            this. count--
        }
    }
})
var vm=new Vue({el:'#app'})
</script>
```

运行【实例 4-7】，运行效果如图 4-8 所示。

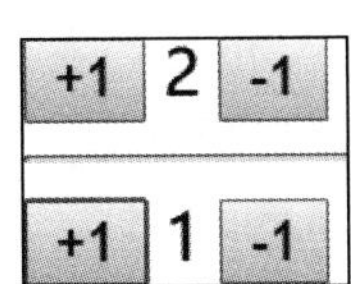

图 4-8　计数器组件运行效果图 3

4.2.3　组件的切换

接下来来看一下，在页面如何通过链接实现组件切换。回顾之前学过的知识，可以通过 v-if 和 v-else 指令来切换组件，例如，在页面进行登录组件和注册组件的切换，具体如【实例 4-8】所示。

【实例 4-8】组件切换示例。

```
<div id="app">
<a href=""@ click.prevent="flag=true">登录</a>
<a href=""@ click.prevent="flag=false">注册</a>
<login v-if="flag"></login>
<reg v-else="flag"></reg>
</div>
<! --登录组件-->
<template id="login">
<div style="width:300px;height:200px;border:1px solid #ccc;text-align:center">
<h3>登录</h3>
<p>用户名:<input type="text"name="username"></p>
<p>密    码:<input type="password"name="password"></p>
<p><input type="button"value="登录"></p>
</div>
</template>
<! --注册组件-->
<template id="reg">
<div style="width:300px;height:200px;border:1px solid #ccc;text-align:center">
<h3>注册</h3>
<p>手机号:<input type="text"name="username"></p>
<p>密    码:<input type="password"name="password"></p>
<p>用户名:<input type="text"name="username"></p>
<p><input type="button"value="注册"></p>
</div>
</template>
<script>
Vue.component('login',{
    template:'#login'
})
Vue.component('reg',{
    template:'#reg'
})
var vm=new Vue({
    el:'#app',
    data:{
        flag:true
    }
})
</script>
```

运行效果如图 4-9 所示。

在上述案例中，定义一个 flag 值，当 flag 值为 true 时，显示登录组件，单击注册链接，flag 的值变为 false，显示注册组件，以此达到组件切换的目的。使用此方法时，如果有较多组件切换，实现起来比较麻烦。在 Vue. js 中提供了 component 元素，来展示对应名称的组件，

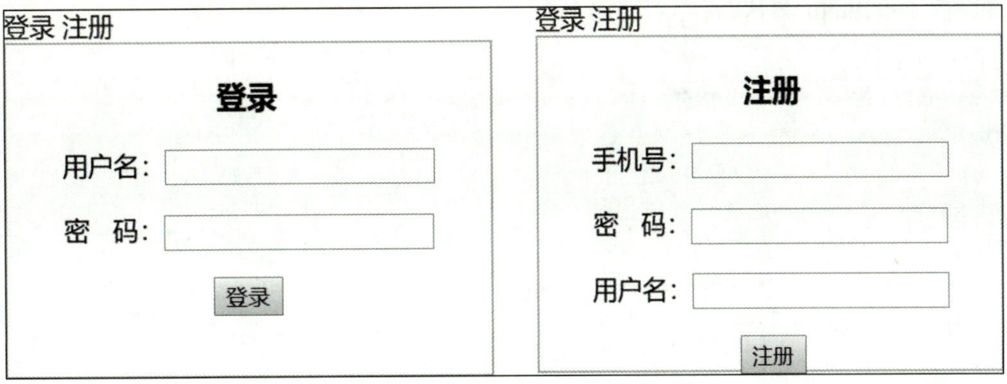

图 4-9　组件切换效果图

并且定一个"：is"属性用来指定要展示的组件的名称，将【实例 4-8】修改为如下形式，组件模板不变，具体如下所示。

```
<div id="app">
<a href=""@ click.prevent="comName='login'">登录</a>
<a href=""@ click.prevent="comName='reg'">注册</a>
<component:is="comName"></component>
</div>
```

上述代码，component 元素表示占位符，用来展示组件，"：is"属性绑定的变量值为展示的组件名称。

Vue 实例对象中，不需要定义 flag 变量，但是需要定义"：is"属性绑定的变量值 comName，默认展示登录组件(login)，具体如下所示：

```
var vm=new Vue({
    el:'#app',
    data:{
        comName:'login'
    }
})
```

采用以上方法，无论多少个组件切换都可以轻松实现。

4.3 组件中的 props 属性

组件的作用不仅仅是进行模板的复用，更重要的是组件间进行通信。通常父组件中包含子组件，父组件要像子组件传递数据，子组件接收后根据参数的不同来渲染不同的内容或者执行不同的操作，这个数据传递的过程就是通过 props 属性来实现的。

4.3.1　props 基本用法

在组件中，使用属性 props 来声明从父级接收的数据，props 的值可以是两种形式，一种是字符串数组，一种是对象。首先介绍字符串数组的用法。

在子组件 mycom1 中构造一个数组，用来接收父组件传递的数据 parentMsg，并将其渲染在子组件的模板中，具体如【实例 4-9】所示。

【实例 4-9】props 属性。

```
<div id="app">
<mycom1 parent-msg="这是来自父组件的 msg"></mycom1>
</div>
<script>
Vue.component('mycom1',{
    props:['parentMsg'],
    template:'<div>{{parentMsg}}<p>{{childmsg}}</p></div>',
    data(){
        return{
            childmsg:'这是子组件自定义的数据'
        }
    }
})
var vm=new Vue({el:'#app'})
</script>
```

在【实例 4-9】中，在父组件中利用自定义的属性绑定将值“这是来自父组件的 msg”传递给子组件，在子组件中利用 props 属性定义的数组元素 parentMsg 接收，其在子组件模板中使用时与 data 中定义的数值 childmsg 方法一致，props 中的数据和 data 中的数据主要的区别为：props 中的数据都来自父级，data 中数据是组件自身的。需要注意的是，在 props 中定义的接收父组件数据的 parentMsg 为驼峰形式的命名，由于 HTML 中不区分大小写，当使用 DOM 模板时，此种格式的 props 命名需要转换为短横分隔命名(parent-msg)，如果不是驼峰形式的命名，则不需要转换。

【实例 4-9】中，父组件传递的数据为固定值，有时候需要传递父组件的动态数据，这时可以利用 v-bind 来绑定 props 的值，当父组件的值发生变化时，也会传递给子组件，具体如【实例 4-10】所示。

【实例 4-10】props 接收父级动态的值。

```
<div id="app">
<mycom1:parentmsg="msg"></mycom1>
<p>父组件中的 msg 值:<input type="text"v-model="msg"></p>
</div>
<script>
var vm=new Vue({
    el:'#app',
    data:{
        msg:'  '
    },
    methods:{},
    components:{
        mycom1:{
            template:"<div>{{parentmsg}}</div>",
            props:['parentmsg']
```

```
        }
    }
})
</script>
```

上述案例在父组件中定义了一个字符串 msg，初始值为空，并将此变量使用 v-model 双向绑定了 input 文本输入框，调用子组件中，利用 v-bind 绑定了自定义属性 parentmsg，子组件 props 属性中接收了父级传递过来的 msg 值，运行【实例 4-10】，当大家在文本输入框中输入内容时，传递给子组件的值也同步发生变化，具体如图 4-10 所示。

子组件接收来自父级的数据：
hello

父组件中的msg值：hello

图 4-10　props 接收父级动态的值运行效果图

需要注意的是，使用自定义属性传递值时，如果不使用 v-bind 绑定属性，无论传递的值是何种格式(数字、布尔值、数组、对象等)，传递的都是字符串。

4.3.2　单向数据流

在 Vue. js2. 0 之后的版本中，通过 props 传递数据是单向的，也就是说，在上述【实例 4-10】中，父组件数据发生变化时，会传递给子组件，反之不行，这样做的目的主要是为了尽可能地将父子组件解耦，避免子组件无意修改父组件的内容，影响程序运行。

在实际业务中可能会经常碰到两种需要改变 props 值的情况。第一种是父组件传递值过来，子组件需要在自己的作用域中进行使用和修改。这种情况只需要在子组件的 data 中声明一个数据，引用父组件中 props 的值，即将父组件传递过来的值作为初始值保存起来，具体见【实例 4-11】。

【实例 4-11】子组件引用父组件 props 值。

```
<div id="app">
<mycom1 :parentmsg="msg"></mycom1>
</div>
<script>
var vm=new Vue({
    el:'#app',
    data:{
        msg:'父组件的 msg'
    },
    components:{
        mycom1:{
            template:"<div>{{parentmsg}}---{{sonfromparent}}</div>",
            props:['parentmsg'],
            data:function (){
                return{
                    sonfromparent:this.parentmsg
```

```
                    }
                }
            }
        }
})
</script>
```

在子组件中声明了数据 sonfromparent，它在组件初始化时会获取来自父组件的 parentmsg 值，之后就与之无关了，子组件在其作用域内可任意使用和修改 sonfromparent，这样可避免直接操作 parentmsg。

另外一种情况就是 props 的值是作为需要被转换的原始值传入，这种情况使用上述的方法就不行了，此时可以采用计算属性，具体见【实例 4-12】。

【实例 4-12】子组件引用父组件 props 值 2。

```
<div id="app">
<mycom2:width="msg"></mycom2>
</div>
<script>
//props 作为需要被转变的原始值传入,可利用计算属性
Vue.component('mycom2',{
    template:"<div:style='childwidth' style='border:1px solid black'>我是子组件 my-
com2</div>",
    props:['width'],
    computed:{
        childwidth:function (){
            return{
                width:this.width+'px' //width:200px
            }
        }
    }
})
var vm=new Vue({
    el:'#app',
    data:{
        msg:200
    }
})
</script>
```

上述案例中，父组件传递过来的初始值为 200，但是因为 width（宽度）的值要带单位（px），每次都写比较麻烦，而且如果传递过来的值要进行数值计算的话带单位处理起来比较麻烦，所以统一在组件中使用计算属性。

4.3.3 数据验证

开发人员可以为组件的 props 指定验证要求，例如指定数据类型。如果有一个需求没有被满足，则 Vue 会在浏览器控制台中发出警告，这在开发一个会被别人用到的组件时尤其有

帮助。

为了定制 prop 的验证方式，开发人员可以为 props 中的值提供一个带有验证需求的对象，而不是一个字符串数组。例如：

```
Vue.component('my-component',{
    props:{
        //基础的类型检查('null'和'undefined'会通过任何类型验证)
        propA:Number,
        //多个可能的类型
        propB:[String,Number],
        //必填的字符串
        propC:{
            type:String,
            required:true
        },
        //带有默认值的数字
        propD:{
            type:Number,
            default:100
        },
        //带有默认值的对象
        propE:{
            type:Object,
            //对象或数组默认值必须从一个工厂函数获取
            default:function (){
                return{message:'hello'}
            }
        },
        //自定义验证函数
        propF:{
            validator:function (value){
                //这个值必须匹配下列字符串中的一个
                return ['success','warning','danger'].indexOf(value)! ==-1
            }
        }
    }
})
```

当 prop 验证失败的时候，开发环境构建版本的 Vue 将会产生一个控制台的警告。

4.4 组件通信

父组件向子组件传递数据，通过 props 属性就可以完成，但是 Vue.js 的组件通信不仅仅包含这一种方式，组件的通信按照组件关系可分为父子组件通信、兄弟组件通信和跨级组件通信。本节主要介绍各种组件之间通信的方法。

4.4.1 自定义事件

父组件向子组件传值通过 props 实现，反过来子组件向父组件传值需要用到自定义事件，在 Vue. js 中，子组件使用 $ emit( )来触发事件，父组件使用 $ on( )来监听子组件的事件。

首先来看一下，子组件如何调用父组件中定义的方法，即父组件如何将方法传递给子组件，具体见【实例 4-13】。

【实例 4-13】子组件调用父组件方法。

```
<div id="app">
<! --通过事件的绑定机制,自定义事件属性:myfunc-->
<mycom1 @ myfunc="print"></mycom1>
</div>
<template id="tmp1">
<div>
<h3>子组件标题</h3>
<! --单击子组件按钮,调用父组件的 print()-->
<input type="button"value="子组件按钮"@ click="childprint">
</div>
</template>
<script>
var vm=new Vue({
    el:'#app',
    data:{},
    methods:{
        print(){
            alert('执行了父组件的 print 方法')
        }
    },
    components:{
        mycom1:{
            template:'#tmp1',
            data:function (){
                return{}
            },
            methods:{
                childprint(){
                    //通过 $emit 拿到父组件传递过来的方法,并且调用这个方法
                    this. $emit('myfunc')
                }
            }
        }
    }
})
</script>
```

【实例 4-13】中，父组件中定义了一个 print( )方法，构造了一个<mycom1>子组件，在使

用<mycom1>组件时，通过自定义事件 myfunc 绑定事件来调用父组件的 print( )，再在子组件中定义 childprint( )方法，通过 $ emit( )触发 myfunc 属性机制，从而达到调用父组件方法的目的，运行效果如图 4-11 所示。

图 4-11　父组件传递方法给子组件运行效果图

通过 $ emit( )可以实现子组件调用父组件的方法，大家思考一下，如果在调用方法时带参数，那么就可以通过该方式将子组件的值传递给父组件，将【实例 4-13】修改如下：

```
<div id="app">
<mycom1 @ myfunc="print"></mycom1>
<p>子组件传递过来的 name:{{namefromson}}</p>
<p>子组件传递过来的 age:{{agefromson}}</p>
</div>
<template id="tmp1">
<div>
<h3>子组件标题</h3>
<input type="button"value="子组件按钮"@ click="childprint">
</div>
</template>
<script>
var vm=new Vue({
    el:'#app',
    data:{
        namefromson:'',
        agefromson:''
    },
    methods:{
        print(name,age){
            alert('执行了父组件的 print 方法'+'name:'+name+",age:"+age)
            this.namefromson=name
            this.agefromson=age
        }
    },
    components:{
        mycom1:{
            template:'#tmp1',
            data:function (){
                return{
                    name:'levi',
                    age:18
```

```
                }
            },
            methods:{
                childprint(){
                    this.$emit('myfunc',this.name,this.age)
                }
            }
        }
    }
})
</script>
```

在修改后的【实例 4-13】中，$emit()方法的第一个参数为自定义事件的名称，后面的参数为需要传递的数据，可以不填或者填写多个，通过该方式将子组件的值传递给父组件之后，父组件可以保存到 data 中，那么就可以任意使用了。在单击子组件的按钮后，弹出提示内容，点击确定后，页面会展示子组件传递过来的 name 和 age，运行效果如图 4-12 所示。

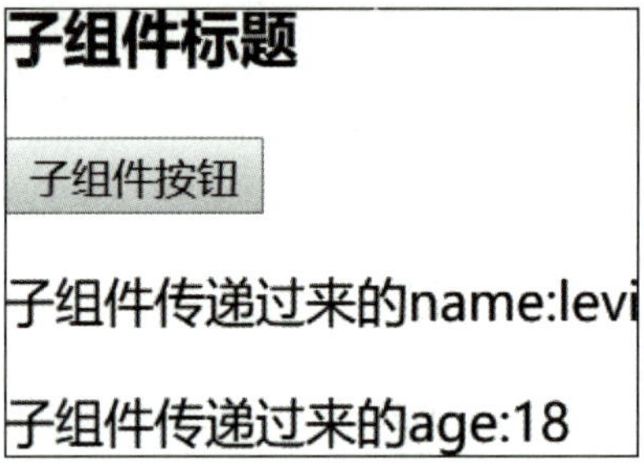

图 4-12　父组件传递方法给子组件运行效果图 2

4. 4. 2　组件中使用 v-model

在介绍 v-model 指令时提到过，v-model 不仅可以用于表单元素实现双向数据绑定，还可以应用于组件，先来看一段代码。

【实例 4-14】组件中使用 v-model。

```
<div id="app">
<p>计数:{{total}}</p>
<mycom1 v-model="total"></mycom1>
</div>
<template id="tmp1">
<input type="button"value="+1"@ click="add">
</template>
<script>
Vue.component('mycom1',{
    template:"#tmp1",
    data:function (){
        return{
            counter:0
```

```
        }
    },
    methods:{
        add(){
            this.counter++;
            this.$emit('input',this.counter)
        }
    }
})
var vm=new Vue({
    el:'#app',
    data:{
        total:0
    }
})
</script>
```

运行【实例 4-14】，单击按钮仍然是+1 的效果，不过在该实例中，并没有使用自定义事件，而是通过 $emit()触发特殊的事件 input，在使用组件的父级时，没有绑定自定义属性触发父组件方法，而是直接用 v-model 绑定一个数据 total，这可以看作是一个语法糖，因为上面的案例可以间接地使用自定义事件来实现，修改代码如下：

```
<div id="app">
<p>计数:{{total}}</p>
<mycom1 @input="getTotal"></mycom1>
</div>
<script>
//组件代码不变,因此省略
var vm=new Vue({
    el:'#app',
    data:{
        total:0
    },
    methods:{
        getTotal(total){
            this.total=total
        }
    }
})
</script>
```

修改后的案例跟原案例效果一致。

v-model 还可以用来创建自定义的表单输入组件，进行数据双向绑定，具体如【实例 4-15】所示。

【实例 4-15】v-model 用于表单输入组件。

```
<div id="app">
<p>{{parentmsg}}</p>
<mycom1 v-model="parentmsg"></mycom1>
</div>
<template id="tmp1">
<div>
子组件输入框:<input type="text":value="value"@ input="com1send">
</div>
</template>
<script>
var vm=new Vue({
    el:'#app',
    data:{
        parentmsg:'父组件 msg 值'
    },
    methods:{},
    components:{
        mycom1:{
            template:'#tmp1',
            props:['value'],
            methods:{
                com1send(ev){
                    this. $emit('input',ev.target. value);
                }
            }
        }
    }
})
</script>
```

上述案例的本质就是要将子组件输入框中的内容发送给父组件，需要注意的是，实现这样一个具有双向绑定的 v-model 组件要满足下面两个要求。

(1)接收一个 value 属性。

(2)在有新的 value 时触发 input 事件。

4. 4. 3 非父子组件的通信

在实际业务中，除了父子组件，还有很多非父子组件通信，非父子组件一般有两种：兄弟组件和跨多级组件。

在 Vue. js 1. x 的版本中除了 $ emit( )方法外，还提供了 $ dispath( )和 $ broadcast( )方法，$ dispath( )用于向上级派发事件，$ broadcast( )用于上级向下级广播事件，但是这两种方法在 Vue. js 2. x 版本中都已经被废弃，所以这里不做详细介绍。

1. bus(中央事件总线)

在 Vue. js 2. x 版本中，推荐使用一个空的 Vue 实例作为中央事件总线(bus)，也就是一个中介，为了理解这个 bus，来举一个日常生活的案例。

例如我们要租房子，我们可能会找中介来登记我们的需求，然后中介把我们的信息发送给符合我们需求的出租者，出租者再把报价以及看房时间等信息反馈给中介，中介再转达给我们，在这个过程中，我们和出租者是没有任何交流的，都是通过中介来传话的。或者如果我们想要换房，我们可以将需求发给中介，一旦有符合我们需求的房子出现，中介就通知我们相关信息。

在上面这个案例中，我们和出租者就相当于两个跨级的组件，而中介就是这个bus——中央事件总线，通过bus，跨级的组件完成了通信，下面来看一个具体的案例。

【实例4-16】使用bus实现兄弟组件通信。

```
<div id="app">
<mycom1></mycom1>
<mycom2></mycom2>
</div>
<script>
//bus:中央事件总线
var bus=new Vue()
var vm=new Vue({
    el:'#app',
    data:{},
    methods:{},
    components:{
        mycom1:{
            template:'<div><p>我是组件mycom1</p><input type="button"value="com1 按钮"
            @ click="send"></div>',
            methods:{
                send(){
                    bus.$emit('fromcom1','你好,我是mycom1')
                }
            }
        },
        mycom2:{
            template:'<div><p>我是组件mycom2</p></div>',
            mounted(){
                bus.$on('fromcom1',function (value){
                  alert(value)
                })
            }
        }
    }
})
</script>
```

在上述实例中，定义了一个名为bus的空Vue实例；创建了Vue实例vm，在此实例中定义了两个子组件mycom1和mycom2；在mycom1组件中，定义了方法send()，一旦单击按钮就会触发fromcom1事件属性，将数据“你好，我是mycom1”发送给mycom2，在mycom2组件中，在其初始化时，也就是生命周期 mounted 钩子函数中，使用 $on() 监听了来自 mycom1 的事件 fromcom1，因此会接收到来自 mycom1 组件的数据，当然，也可以将数据保存到 data 中。

利用上面这种方法可以很巧妙地实现任何组件间的通信，无论是父子、兄弟还是跨级，都可以实现。

2. $parent(父链)

在子组件中，使用 $parent 可以直接访问该组件的父实例或父组件，并且可以递归向上，直到根实例，下面来看一段代码。

```
<div id="app">
<p>父组件 msg:{{msg}}</p>
<mycom1></mycom1>
</div>
<script>
var vm=new Vue({
    el:'#app',
    data:{
        msg:''
    },
    components:{
        mycom1:{
            template:"<div><input type='button' value='单击我修改父链数据'@ click='
send'></div>",
            methods:{
                send(){
                    this.$parent.msg='我是子组件 mycom1 的实例'
                }
            }
        }
    }
})
</script>
```

子组件通过 this.$parent 访问到父链后，可以进行任何操作，上述代码通过 this.$parent 修改了父实例的 msg 值。虽然 Vue.js 允许这样操作，但是在实际业务中，应尽量避免依赖父组件的数据，更不能主动去修改它，因为这样使得父子组件紧耦合，父组件可能被任意子组件修改，只看父组件很难知晓其状态，理想状态下，只有组件自身能修改其状态。

3. $children(子组件索引)

$children 用来获取当前实例的直接子组件，但是使用 $children 并不保证顺序，也不是响应的，下面来看一段代码。

```
<div id="app">
<button @ click="getChild">获取子组件</button>
<mycom1></mycom1>
<mycom2></mycom2>
</div>
```

```
<script>
var vm=new Vue({
    el:'#app',
    methods:{
        getChild(){
        console.log(this.$children)
        }
    },
    components:{
        mycom1:{
            template:"<div>mycom1 子组件</div>"
        },
        mycom2:{
            template:"<div>mycom2 子组件</div>"
        }
    }
})
</script>
```

运行效果如图 4-13 所示，由此可知，用过 this.$children 就可以获取当前实例的所有子组件实例集合。

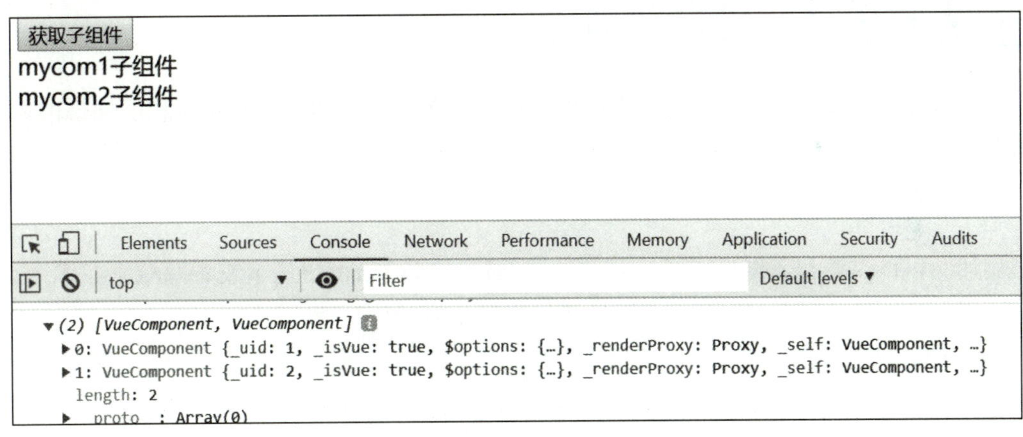

图 4-13　$children 获取子组件

上面说过使用 $children 遍历子组件是无序的，所以当子组件较多时，尤其是子组件为动态渲染时，通过 $children 是比较困难的。Vue.js 提供子组件索引的方法，用特殊的属性 ref 来为子组件制定一个索引名称，下面来看一段代码。

```
<div id="app">
<button @click="getChild">获取子组件</button>
<mycom1 ref="com1"></mycom1>
</div>
<script>
var vm=new Vue({
    el:'#app',
```

```
    methods:{
      getChild(){
          console.log(this.$refs.com1.msg)
      }
    },
    components:{
        mycom1:{
            template:"<div>mycom1 子组件</div>",
            data:function (){
                return{
                    msg:'子组件 msg'
                }
            }
        }
    }
})
</script>
```

在父组件模板中，子组件标签上使用 ref 属性指定名称，父组件中通过 this. $ refs 就可以访问指定名称的子组件。

4.5 使用 slot 分发内容

插槽(slot)是 Vue. js 提出来的一个概念，正如名字一样，插槽用于决定将所携带的内容，插入到指定的某个位置，从而使模板分块，具有模块化的特质和更大的重用性。

4.5.1 什么是 slot

假如父组件需要在子组件内放一些 DOM，那么这些 DOM 是显示或者隐藏，在哪个地方显示，怎么显示，就需要 slot 进行分发负责，下面来看一段代码。

```
<div id="app">
<mycom1>
<span>我是 slot 内容</span>
</mycom1>
</div>
<script>
var vm=new Vue({
    el:'#app',
    data:{},
    components:{
        mycom1:{
            template:"<div>我是 mycom1 组件</div>"
        }
    }
```

```
})
</script>
```

在上述代码中，定义了一个<mycom1>组件，在使用<mycom1>组件时，在组件标签内部又定义了<span>标签，但是运行时，<span>标签默认是不显示的，此时就需要使用 slot 进行内容分发。

4.5.2 作用域

在正式介绍 slot 前，首先介绍一个概念：编译的作用域。例如在父组件中有如下模板：

```
<mycom1>
{{msg}}
</mycom1>
```

这里的 msg 就是一个 slot，但是它绑定的是父组件的数据，而不是组件<mycom1>的数据。

父组件模板的内容是在父组件作用域内编译，子组件模板的内容是在子组件作用域内编译，例如：

```
<div id="app">
<mycom1 v-show="showCom1"></mycom1>
</div>
<script>
var vm=new Vue({
    el:'#app',
    data:{
        showCom1:true
    },
    components:{
        mycom1:{
            template:"<div>我是 mycom1 组件</div>"
        }
    }
})
</script>
```

这里的状态 showCom1 绑定的是父组件的数据，如果是想绑定子组件的数据，那应该如下所示。

```
<div id="app">
<mycom1></mycom1>
</div>
<script>
var vm=new Vue({
    el:'#app',
    data:{},
    components:{
        mycom1:{
```

```
            template:"<div v-show='showCom1'>我是 mycom1 组件</div>",
            data:function (){
                return{
                    showCom1:true
                }
            }
        }
    }
})
</script>
```

所以，slot 分发的内容，作用域是在父组件上。

4.5.3 slot 用法

1. 单个 slot

在组件中使用特殊的<slot>元素就可以为这个子组件开启一个插槽(slot)，在父组件模板里，插入在子组件标签内的所有内容将替代子组件<slot>标签以及它的内容，具体如【实例 4-17】所示。

【实例 4-17】单个 slot。

```
<div id="app">
<mycom1>
<h4>标题</h4>
<p>正文内容</p>
<div>底部信息</div>
</mycom1>
</div>
<script>
Vue.component('mycom1',{
    template:'
    <div>
    <h3>这是 mycom1 组件</h3>
    <slot><p>如果父组件没有插入内容则展示我</p></slot>
    </div>
    '
})
var vm=new Vue({el:'#app'})
</script>
```

子组件<mycom1>在模板内定义了一个<slot>标签，并且使用一个<p>标签作为默认内容，如果父组件没有使用<slot>，那么会渲染这段默认内容，否则渲染父组件定义的内容，【实例 4-17】渲染结果如图 4-14 所示。

2. 具名 slot

给<slot>元素指定一个 name 后可以分发多个内容，具名 slot 可以与单个 slot 共存，例如将【实例 4-17】修改如下：

```
<div id="app">
<mycom1>
<h4 slot="header">标题</h4>
<p>正文内容</p><span>更多正文内容</span>
<div slot="footer">底部信息</div>
</mycom1>
</div>
<script>
Vue.component('mycom1',{
    template:'
        <div>
        <h3>这是 mycom1 组件</h3>
        <div><slot name="header"></slot></div>
        <div><slot ></slot></div>
        <div><slot name="footer"></slot></div>
        </div>
    '
})
var vm=new Vue({el:'#app'})
</script>
```

子组件中声明了 3 个<slot>元素，第二个<slot>并没有使用 name 属性，此<slot>作为默认插槽出现，父组件中没有使用 slot 属性的元素以及内容都将在此位置出现，如果无此 slot，这些元素及内容则不会渲染，修改后的【实例 4-17】运行效果如图 4-15 所示。

图 4-14　单个 slot 渲染效果图

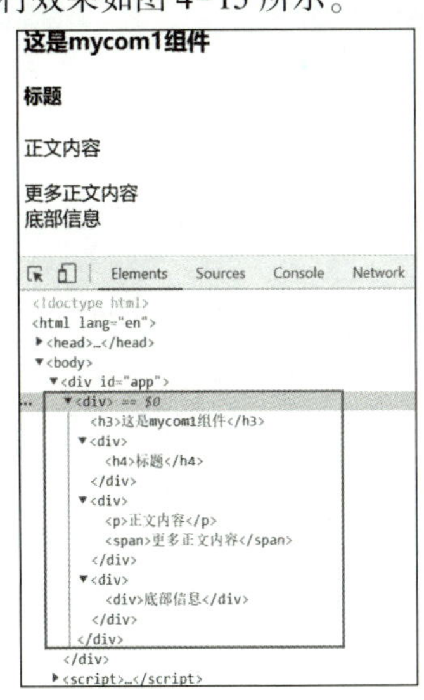

图 4-15　具名 slot 渲染效果图

4.6 案例：常用组件的开发

本节以组件知识为基础，结合之前的知识，开发两个业务中常用的组件，即数字输入框组件和标签页组件。

4.6.1 数字输入框组件的开发

数字输入框是对普通输入框的扩展，用来快捷地输入一个数字，也能利用按钮进行加减，具体如图 4-16 所示。

图 4-16 数字输入框组件

首先来分析一下需求，数字输入框只能输入数字，通过按钮可以进行加 1、减 1 操作，除此之外，可设定最大值、最小值以及初始值，在数值发生变化时，需通知父组件。

根据需求，可定义目录文件：

(1)index. html 入口文件以及根实例。

(2)inputComponent. js 数字输入框组件。

因为本案例主要是组件的开发，所以不进行样式美化，首先初始化项目，写入基本结构。

【index. html】入口文件。

```
<! DOCTYPE html>
<html lang="en">
<head>
<meta charset="UTF-8">
<title>数字输入框组件</title>
<script src="./lib/vue-2.4.0.js"></script>
<script src="inputComponent.js"></script>
</head>
<body>
<div id="app">
</div>
<script>
var app=new Vue({el:"#app"})
</script>
</body>
</html>
```

【inputComponent. js】数字输入框组件。

```
Vue.component('input-number',{
    template:'
        <div>
        <button>-</button>
        <input type="text">
        <button>+</button>
    </div>
    ',
    props:{
        max:{
            type:Number,
```

```
            default:Infinity
        },
        min:{
            type:Number,
            default:-Infinity
        },
        value:{
            type:Number,
            default:0
        }
    }
})
```

因为是要开发一个独立的组件，所以需要对每个 prop 进行校验，根据需求有最大值、最小值以及初始值共 3 个 prop，三个值都为数值类型，max(最大值)的默认值为正无穷大，min(最小值)的默认值为负无穷大，value(初始值)的默认值为 0。

首先要在父组件中引入 input-number 组件，并给定一个默认值 1，最大值 100，最小值 0。

【index. html】入口文件。

```
<div id="app">
<input-number v-model="value":max="100":min="0"></input-number>
</div>
<script>
var app=new Vue({
    el:"#app",
    data:{
        value:1
    }
})
</script>
```

value 是一个关键绑定值，所以使用了 v-model，能够实现数据的双向绑定。接下来的核心工作就是完成 inputComponent. js 中的内容。

在之前介绍过，Vue. js 的组件是单向数据流，所以无法直接从组件内部修改 prop 传递的值，所以需要在组件中定义一个变量存储 prop 的值，方便在组件中修改和维护。

【inputComponent. js】数字输入框组件。

```
Vue.component('input-number',{
    //...
    data:function(){
        return{
            currentValue:this.value
        }
    },
})
```

到这一步已经完成了初始化引用父组件的 value 值，但是如果父组件修改了 value 值，子组件 input-number 中也需要同步修改，这就需要用到 watch 属性，在本案例中，需要监听两个量：value 和 currentValue，监听 value 是为了知晓父组件修改了 value 值，监听 currentValue 是为了当 currentValue 发生变化时，更新 value，相关代码如下。

【inputComponent. js】数字输入框组件。

```
Vue.component('input-number',{
    //…
    watch:{
        //currentValue 变化时,通知父组件的 value 也变化
        currentValue:function (val){
            this.$emit('input',val)
        },
        //父组件 value 改变时,子组件 currentValue 也改变
        value:function (val){
            this.updataValue(val)
        }
    },
    methods:{
        //验证父组件传递过来的初始值
        updataValue(val){
            if(val >this.max)val=this.max;
            if(val< this.min)val=this.min;
            this.currentValue=val;
        }
    },
    mounted:function(){
        this.updataValue(this.value)
    }
})
```

从父组件传递过来的 value 值有可能不符合当前条件(大于 max，小于 min)，所以定义了一个 updataValue( )的方法，用来过滤一个正确的 currentValue。

监听 currentValue 的回调里，this. $emit(' input', val)是在使用 v-model 时改变 value 值；监听 value 时，调用了 updataValue()方法；在生命周期 mounted 钩子函数中也调用了 updataValue()方法，因为第一次初始化时，也需要对 value 进行过滤。

接下来就是定义组件模板中两个按钮以及 input 调用的方法，相关代码如下。

【inputComponent. js】数字输入框组件。

```
//验证输入值是否为数字
function isValueNumber(value){
    return(/(^-?[0-9]+\.{1}\d+$)|(^-?[1-9][0-9]*$)|(^-?0{1}$)/).test(value+")
}
Vue.component('input-number',{
    template:'
        <div>
```

```
        <button:disabled="currentValue<=min"@ click="handleDown">-</button>
        <input type="text":value="currentValue"@ change="handleChange">
        <button:disabled="currentValue>=max"@ click="handleUp">+</button>
        </div>
    ',
    //…
    methods:{
        //…
        //点击减号
        handleDown(){
            if(this.currentValue<=this.min)return
            this.currentValue -=1
        },
        //点击加号
        handleUp(){
            if(this.currentValue >=this.max)return
            this.currentValue+=1
        },
        //输入框输入值
        handleChange(event){
            var val=event.target.value.trim()
            var max=this.max
            var min=this.min
            if(isValueNumber(val)){
                val=Number(val)
                if(val >max){
                    this.currentValue=max
                }
                if(val< min){
                    this.currentValue=min
                }
                this.currentValue=val
            }else{
                event.target.value=this.currentValue
            }
        }
    }
})
```

input 绑定了 currentValue 和 change 事件，在 handleChange( ) 方法中，判断了当前输入的值是否是符合要求的数字。需要注意的是，这里绑定的 currentValue 使用的是 v-bind 而不是 v-model，所以是单向数据流，因此在输入时，currentValue 并没有实时改变。如果输入的值大于最大值或者小于最小值，就将输入的内容重置为最大值或最小值；如果输入的是不合要求的数值(如中英文字符等)，就会将输入的内容重置为之前的数值，如果输入的是符合要求的数值，就会将输入的值赋值为 currentValue。

这就是数字输入框组件的核心逻辑，下面整理一下代码，具体如下。

【index. html】入口文件。

```
<! DOCTYPE html>
<html lang="en">
<head>
<meta charset="UTF-8">
<title>数字输入框组件</title>
<script src="./lib/vue-2.4.0.js"></script>
<script src="inputComponent.js"></script>
</head>
<body>
<div id="app">
<input-number v-model="value":max="100":min="0"></input-number>
</div>
<script>
var app=new Vue({
    el:"#app",
    data:{
        value:1
    }
})
</script>
</body>
</html>
```

【inputComponent. js】数字输入框组件。

```
//验证输入值是否为数字
function isValueNumber(value){
    return(/(^-?[0-9]+\.{1}\d+$)|(^-?[1-9][0-9]*$)|(^-?0{1}$)/).test(value+")
}
Vue.component('input-number',{
    template:'
        <div>
        <button:disabled="currentValue<=min"@click="handleDown">-</button>
        <input type="text":value="currentValue"@change="handleChange">
        <button:disabled="currentValue>=max"@click="handleUp">+</button>
        </div>
    ',
    data:function(){
        return{
            currentValue:this.value
        }
    },
    props:{
```

```
    max:{
        type:Number,
        default:Infinity
    },
    min:{
        type:Number,
        default:-Infinity
    },
    value:{
        type:Number,
        default:0
    }
},
watch:{
    //currentValue 变化时,通知父组件的 value 也变化
    currentValue:function (val){
        this. $emit('input',val)
        //this. $emit('on-change',val)
    },
    //父组件 value 改变时,子组件 currentValue 也改变
    value:function (val){
        this.updataValue(val)
    }
},
methods:{
    //验证父组件传递过来的初始值
    updataValue(val){
        if(val >this.max)val=this.max
        if(val< this.min)val=this.min
        this.currentValue=val
    },
    //点击减号
    handleDown(){
        if(this.currentValue<=this.min)return
        this.currentValue -=1
    },
    //点击加号
    handleUp(){
        if(this.currentValue >=this.max)return
        this.currentValue+=1
    },
    //输入框输入值
    handleChange(event){
        var val=event.target.value.trim()
        var max=this.max
```

```
            var min=this.min
            if(isValueNumber(val)){
                val=Number(val)
                if(val >max){
                    this.currentValue=max
                }
                else if(val< min){
                    this.currentValue=min
                }else{
                    this.currentValue=val
                }
            }else{
                event.target.value=this.currentValue
            }
        }
    },
    mounted(){
        this.updataValue(this.value)
    }
})
```

至此就完成了数字输入框组件的开发，在复用组件时，大家可以根据需求改变初始值，最大值以及最小值，十分方便。

4.6.2 标签页组件的开发

本节开发一个常用的标签页组件，标签页是网页设计中经常用到的元素，常用于平级块内容的切换，如图 4-17 所示。

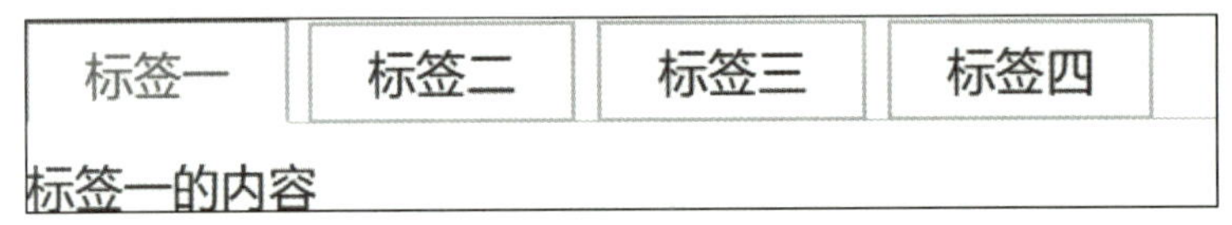

图 4-17　标签页组件示例图

按照上个组件的设计思路，首先进行需求分析。首先可以明确的是，每个标签页的主体内容肯定是由组件的父级控制的，所以这个部分是一个 slot，而且 slot 的数量决定了标签切换按钮的数量。如图 4-17 所示，一共有 4 个标签页，点击其中某一个按钮的时候，其他 3 个标签对应的 slot 应该被隐藏，此时可以怎么解决呢？在没有学习组件之前，比较容易想到的是，在 slot 中写 4 个对应的 div，在触发切换时，显示和隐藏相关的 div，这样是可以实现的，但是体现不出组件的优势，因为还是需要写与业务无关的交互逻辑。那在这种情况下，可以再定义一个子组件，嵌套在标签组件里，相关的业务代码都放在子组件中，而这 4 个子组件作为整体成为标签页组件的 slot。

标签页组件取名<tabs>，给子组件取名<pane>，因为 tabs 和 pane 两个组件是分离的，但是 tabs 组件上的标题应该由 pane 组件来定义，因为 slot 是写在 pane 中的，所以在组件初始化的时候，tabs 要从 pane 里获取到标题，并保存起来，自己使用。

确定好结构后，创建项目并且初始化。

(1)index. html 入口页。

(2)tabs. js 标签页外层的组件 tabs。

(3)pane. js 标签页嵌套的组件 pane。

下面来完成以上几个文字的初识结构。

【index. html】入口页。

```
<! DOCTYPE html>
<html lang="en">
<head>
<meta charset="UTF-8">
<title>标签页组件</title>
<script src="./lib/vue-2.4.0.js"></script>
<script src="pane.js"></script>
<script src="tabs.js"></script>
</head>
<body>
<div id="app"v-cloak></div>
<script>
var vm=new Vue({
    el:"#app",
    data:{}
})
</script>
</body>
</html>
```

【tabs. js】标签页外层的组件 tabs。

```
Vue.component('tabs',{
    template:'
        <div class="tabs">
        <div class="tabs-bar">
        <! --标签标题-->
        </div>
        <div class="tabs-content">
        <! --这里的 slot 用来嵌套 pane-->
        <slot></slot>
        </div>
        </div>
    '
})
```

【pane. js】标签页嵌套的组件 pane。

```
Vue.component('pane',{
    name:'pane',
    template:'
```

```
    <div class="pane"v-show="show">
    <slot></slot>
    </div>
    ',
  data:function (){
    return{
      show:true
    }
  }
})
```

pane 需要控制标签页内容的显示与隐藏，所以定义了变量 show，并且用 v-show 指令绑定 show 来控制元素。按照需求，当点击到该 pane 对应的标题按钮时，此 pane 的 show 值应该设置为 true，否则为 false，但是 show 值的设置应该由 tabs 组件来设置，所以此处给一个默认初始值即可。

因为点击标签页标题按钮，显示对应的 pane 子组件，所以可以使用 prop：name 来设一个唯一的值标识此 pane 子组件，除了 name，还需要设置标签页标题 prop：label，tabs 组件需要将 label 值显示到标签页的标题中，所以需要在【pane. js】中添加以下代码。

【pane. js】标签页嵌套的组件 pane。

```
Vue.component('pane',{
  //...
  props:{
    name:{
      type:String
    },
    label:{
      type:String,
      default:"
    }
  }
})
```

label 的值是用户在使用组件时动态设置的，所以 pane 初始化以及 label 值更新时都需要告诉父组件同步更新，而 tabs 和 pane 是独立组件，所以不能依赖 bus，因此可以通过父链 $ parent 访问 tabs 组件的实例来调用它的方法(updateNav( ))更新标题，在【pane. js】中添加以下代码。

【pane. js】标签页嵌套的组件 pane。

```
Vue.component('pane',{
  //...
  methods:{
    updateNav(){
      this.$parent.updateNav()
    }
  },
  watch:{
```

```
        label:function (){
            this.updateNav()
        }
    },
    mounted(){
        this.updateNav()
    }
})
```

pane 初始化时，就需要调用 tabs 的 updateNav( )方法，因此在 mounted( )生命周期函数中，需调用此方法，另外需要监听 label 值，label 值发生变化时，就调用此方法。

接下来完成 tabs 组件的创建。首先需要把 pane 组件设置的标题渲染出来，也就是在 pane 组件调用 updateNav( )方法时，tabs 需要更新标题，在【tabs.js】中添加以下代码。

【tabs.js】标签页外层的组件 tabs。

```
Vue.component('tabs',{
    //...
    data:function (){
        return{
            navList:[]
        }
    },
    methods:{
        //获取所有 pane 组件
        getTabs(){
            return this.$children.filter((item)=>{
                return item.$options.name==='pane'
            })
        },
        //更新标题
        updateNav(){
            this.navList=[]
            this.getTabs().forEach((pane,index)=>{
                this.navList.push({
                    label:pane.label,
                    name:pane.name || index
                })
                if (! pane.name){
                    pane.name=index
                }
                if (index===0){
                    if(! this.currentValue){
                        this.currentValue=pane.name ||index
                    }
                }
```

```
            })
            this. updateStatus()
        },
        //显示选中 pane 组件,隐藏其他组件
        updateStatus(){
            var tabs=this. getTabs()
            tabs. forEach((tab)=>{
                return tab.show=tab.name===this. currentValue
            })
        }
    }
})
```

在 data 中定义了一个 navList，用于存储 tabs 的标题；定义了 getTabs()方法，通过 $ children 遍历子组件，过滤后得到所有的 pane 组件；定义了 updateNav()方法，遍历获取到的所有 pane 组件，将每个 pane 组件的 label 值以及 name 值(如果没有定义 name 值，则使用索引)，并将当前选中的 pane 的 name 值(或者索引)存储到 currentValue 中(此值暂未定义，后面介绍)；定义 updateStatus()方法用来显示选中的 pane 组件，隐藏没有选中的。

获取到 navList 后，就可以将每个标题渲染到页面上，并且判断当前每个组件的状态，在【tabs. js】中添加以下代码。

【tabs. js】标签页外层的组件 tabs。

```
Vue. component('tabs',{
    template:'
        <div class="tabs">
        <div class="tabs-bar">
        <div:class="tabCls(item)"v-for="(item,index) in navList"@ click="han-
dleChange(index)">
        {{item. label}}
        </div>
        </div>
        <div class="tabs-content">
        <! --这里的 slot 用来嵌套 pane-->
        <slot></slot>
        </div>
        </div>
    ',
    props:{
        //这里的 value,主要是为了方便使用 v-model
        value:{
            type:[String,Number]
        }
    },
    data:function (){
        return{
```

```
            navList:[],
            //因为不能直接修改 value,所以存储一份
            currentValue:this.value
        }
    },
    methods:{
        //...
        tabCls:function (item){
            return [
                'tabs-tab',
                {
                    'tabs-tab-active':item.name===this.currentValue
                }
            ]
        },
        handleChange:function (index){
            var nav=this.navList[index]
            this.currentValue=nav.name
            this.$emit('input',nav.name)
            //触发一个自定义事件,供父级使用
            this.$emit('on-click',nav.name)
        }
    },
    watch:{
        value:function (val){
            this.currentValue=val
        },
        currentValue:function (){
            this.updateStatus()
        }
    }
})
```

在使用 v-for 指令循环渲染标题时，为了使当前选中的标题样式特殊，使用了 v-bind:class 指向了一个 tabCls( )方法，因为使用计算属性，无法传参，所以无法知道当前的标题是否被选中，使用 methods 就可以解决传参的问题。

当单击标题时，就会触发 handleChange( )方法，并将当前选中的 pane 组件的 name 值赋值给 currentValue。另外，因为监听了 currentValue，当其发生变化时，会触发 updateStatus( )方法更新当前 pane 组件的显示状态。

接下来，在【index. html】中调用 tabs 组件，并将标签一设置为默认显示，在【index. html】中添加以下代码。

【index. html】入口页。

```
<div id="app"v-cloak>
<tabs v-model="activeKey">
```

```
<pane label="标签一"name="1">
标签一的内容
</pane>
<pane label="标签二"name="2">
标签二的内容
</pane>
<pane label="标签三"name="3">
标签三的内容
</pane>
<pane label="标签四"name="4">
标签四的内容
</pane>
</tabs>
</div>
<script>
var vm=new Vue({
    el:"#app",
    data:{
        activeKey:'1'
    }
})
</script>
```

接下来就是美化页面，因为样式代码不算特别多，直接写在【index. html】内部，在【index. html】中添加以下代码。

【index. html】入口页。

```
<style>
[v-cloak]{
    display:none;
}
.tabs{
    font-size:14px;
    color:#434b59;
}
.tabs-bar:after{
    content:";
    display:block;
    width:100% ;
    height:1px;
    background-color:pink;
    margin-top:-1px;
}
.tabs-tab{
    display:inline-block;
```

```
    padding:4px 16px;
    margin-right:6px;
    border:1px solid pink;
    position:relative;
}
.tabs-tab-active{
    color:#3399ff;
    border-top:1px solid #3399ff;
    border-bottom:1px solid #ffffff;
}
.tabs-tab-active:before{
    content:";
    display:block;
    height:1px;
    top:0;
    left:0;
    right:0;
}
.tabs-content{
    padding:8px 0;
}
</style>
```

最后来整理一下代码。

【index. html】入口页。

```
<! DOCTYPE html>
<html lang="en">
<head>
<meta charset="UTF-8">
<title>标签页组件</title>
<script src="./lib/vue-2.4.0.js"></script>
<script src="pane.js"></script>
<script src="tabs.js"></script>
<style>
[v-cloak]{
    display:none;
}
.tabs{
    font-size:14px;
    color:#434b59;
}
.tabs-bar:after{
    content:";
    display:block;
```

```
    width:100% ;
    height:1px;
    background-color:pink;
    margin-top:-1px;
}
.tabs-tab{
    display:inline-block;
    padding:4px 16px;
    margin-right:6px;
    border:1px solid pink;
    position:relative;
}
.tabs-tab-active{
    color:#3399ff;
    border-top:1px solid #3399ff;
    border-bottom:1px solid #ffffff;
}
.tabs-tab-active:before{
    content:";
    display:block;
    height:1px;
    top:0;
    left:0;
    right:0;
}
.tabs-content{
    padding:8px 0;
}
</style>
</head>
<body>
<div id="app"v-cloak>
<tabs v-model="activeKey">
<pane label="标签一"name="1">
标签一的内容
</pane>
<pane label="标签二"name="2">
标签二的内容
</pane>
<pane label="标签三"name="3">
标签三的内容
</pane>
<pane label="标签四"name="4">
标签四的内容
</pane>
```

```
</tabs>
</div>
<script>
var vm=new Vue({
    el:"#app",
    data:{
        activeKey:'1'
    }
})
</script>
</body>
</html>
```

【tabs. js】标签页外层的组件 tabs。

```
Vue.component('tabs',{
    template:'
        <div class="tabs">
        <div class="tabs-bar">
        <div:class="tabCls(item)"v-for="(item,index) in navList"@ click="han-
dleChange(index)">
        {{item.label}}
        </div>
        </div>
        <div class="tabs-content">
        <! --这里的 slot 用来嵌套 pane-->
        <slot></slot>
        </div>
        </div>
    ',
    props:{
        value:{
            type:[String,Number]
        }
    },
    data:function (){
        return{
            navList:[],
            currentValue:this.value
        }
    },
    methods:{
        getTabs(){
            return this.$children.filter((item)=>{
                return item.$options.name==='pane'
            })
```

```
    },
    updateNav(){
        this.navList=[]
        this.getTabs().forEach((pane,index)=>{
            this.navList.push({
                label:pane.label,
                name:pane.name || index
            })
            if (! pane.name){
                pane.name=index
            }
            if (index===0){
                if(! this.currentValue){
                    this.currentValue=pane.name ||index
                }
            }
        })
        this.updateStatus()
    },
    updateStatus(){
        var tabs=this.getTabs()
        tabs.forEach((tab)=>{
            return tab.show=tab.name===this.currentValue
        })
    },
    tabCls:function (item){
        return [
            'tabs-tab',
            {
                'tabs-tab-active':item.name===this.currentValue
            }
        ]
    },
    handleChange:function (index){
        var nav=this.navList[index]
        this.currentValue=nav.name
        this.$emit('input',nav.name)
        this.$emit('on-click',nav.name)
    }
},
watch:{
    value:function (val){
        this.currentValue=val
    },
    currentValue:function (){
```

```
            this.updateStatus()
        }
    }
})
```

【pane.js】标签页嵌套的组件pane。

```
Vue.component('pane',{
    name:'pane',
    template:'
        <div class="pane"v-show="show">
        <slot></slot>
        </div>
    ',
    data:function (){
        return{
            show:true
        }
    },
    props:{
        name:{
            type:String
        },
        label:{
            type:String,
            default:"
        }
    },
    methods:{
        updateNav(){
            this.$parent.updateNav()
        }
    },
    watch:{
        label:function (){
            this.updateNav()
        }
    },
    mounted(){
        this.updateNav()
    }
})
```

在完成标签页组件中，最难的地方在于使用了组件的嵌套，将多个pane组件当作tabs组件的slot；tabs组件与pane组件的通信上使用了$parent和$children，使用了$emit('input')来实现v-model的用法。

4.7 本章总结

本章对组件进行了介绍，讲述了组件的定义、使用以及通信，以数字输入框组件和标签页组件为案例，进一步阐述了组件的运用，使用 Vue. js 去完成实际项目时，所有的页面都是由组件构成，所以大家一定要熟练掌握组件的开发。

本章习题

一、判断题

1. Vue. js 中的页面结构是由组件构成的，不同组件可以表示不同页面，适合进行单页应用开发。 ( )

2. 通过<a href="#" @ click. prevent="" >登录</a>实现阻止 a 标签的默认事件行为。 ( )

3. 组件的 data 属性是一个对象。 ( )

4. 定义一个名为 inputName 的组件，可以通过<inputName></inputName>直接使用。 ( )

5. v-model 指令除了可以在表单元素中使用，还可以在组件中使用。 ( )

二、填空题

1. Vue. js 提供方法中，可以用来实现全局注册组件的是( )。

2. 局部注册组件的配置对象中，表示组件模板的是( )。

3. <template>标签中书写 HTML 代码，然后通过( )值绑定到组件内的 template 属性上。

4. Vue. component( )方法接收的第一个参数是( )。

5. ( )即道具，用来接受父组件中定义的数据，其值为数组。

6. ( )可以触发父组件中定义的事件，子组件的数据信息通过传递参数的方式完成。

7. 当元素绑定的 v-if 指令的值设置为( )时表示显示元素，否则隐藏元素。

8. 在实现组件切换时，可以通过( )属性匹配组件的名称实现组件切换。

三、简答题

1. 什么是组件?

2. 父组件与子组件是如何相互传值的?

拓展实训

1. 在数字输入框组件已有的功能上，增加当输入框聚焦时，增加对键盘上下键的支持，相当于加 1 和减 1。

2. 增加一个控制步伐的 prop_ step，例如设置为 10，点击+号按钮，一次增加 10，点击-号按钮，一次减少 10。

第5章 Vue项目化

在前几个章节中，读者学习了怎么使用 Vue. js 构建简单案例，使用的方法是在页面中通过<script>标签引入 Vue. js 文件，这种方法虽然简单，但是不适合搭建复杂的软件项目，不适合处理复杂的业务逻辑。在本章将学习如果通过 Vue. js 脚手架工具构建 Vue. js 项目。

本章的学习重点

- Vue CLI 3. X 脚手架的安装与使用方法
- Vue CLI 插件的使用方法
- Vue. config. js 文件的配置
- 环境变量与模式的配置
- 静态资源的处理

引导案例

在使用 Vue. js 进行项目开发过程中，每次都要进行复杂的 Webpack 的配置以及项目依赖项的安装，这些烦琐的操作对初学者并不是十分友好，复杂的配置文件让初学者很难写出定义良好、性能优化的配置，那有没有更好的方法可以快速生成这些配置文件和依赖项目，让程序员可以只专注于代码的实现呢？

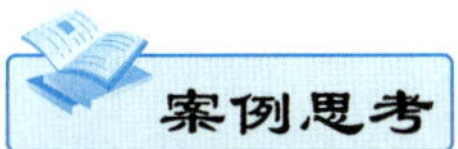

案例思考

本章介绍的 Vue CLI 可以快速开始一个 Vue. js 项目，其本质就是一套文件结构，包含基础的依赖库，只需要 npm install 一下就可以安装，开发过程中不需要为编译或其他琐碎的事情而浪费时间。Vue CLI 致力于将 Vue. js 生态中的工具基础标准化，它确保了各种构建工具能够基于智能的默认配置即可平稳衔接，与此同时，它也为每个工具提供了调整配置的灵活性。

5.1 快速构建项目

Vue CLI 是一个基于 Vue. js 进行快速开发的完整系统，是一组用于快速原型设计、简化应用程序搭建和进行高效项目管理的工具，确保了各种构建工具能够基于智能的默认配置即可平稳衔接。这样开发者可以专注在撰写应用上，而不必花很多时间处理配置的问题。

5.1.1 Vue CLI 简介

Vue CLI 是一组用于快速原型设计、简化应用程序搭建和进行高效项目管理的工具。它由三个主要的工具组成。

1. CLI

CLI 是一个 npm 包，通过 Vue. js 命令提供核心功能。它可以轻松地构建一个新项目(Vue create)或者快速创建原始构思(Vue serve)。如果想要对项目进行更具体和可视化的控制，可以通过运行 Vue ui 命令打开 CLI 的 GUI。

2. CLI Service

CLI Service 是一个开发依赖项，安装在使用 CLI 创建的每个项目中。它可以帮助开发项目(Vue-cli-service serve)、打包(Vue-cli-service build)，以及检查内部 Webpack 项目的配置(Vue-cli-service inspect)。

3. CLI 插件

CLI 插件也是 npm 包，为项目提供额外的功能。它们的名字以@ Vue/cli-plugin-(内置插件)或 Vue-cli-plugin-(社区插件)开头。可以在开发过程中通过 Vue add 命令添加它们。

Vue CLI 凭借其丰富的功能集，可加速和简化 Vue. js 项目开发，其主要功能有

(1)基于插件的架构。Vue CLI 完全围绕插件而构建，所以非常灵活和可扩展。可以选择在项目创建过程中添加哪些内置插件，还可以在创建项目后随时添加任意数量的插件。

(2)Vue CLI 完全可配置、可扩展和可升级。

(3)提供了一系列官方预装插件，集成了前端生态系统的一流工具(Babel、ESLint、TypeScript、PWA、Jest、Mocha、Cypress 和 Nightwatch)。

(4)一个默认预设，可以在项目创建期间或之后根据需求进行修改。

(5)无需弹出。与 React 和 Angular CLI 工具相比，可以在创建项目后随时安全地检查和调整项目的 Webpack 配置，无需弹出应用程序并切换到手动配置。

(6)多页面支持。

(7)无需任何配置即可进行即时原型设计。

(8)现代模式功能。构建适用于现代浏览器的应用程序，同时兼容旧版本的浏览器。

(9)一个完整的 GUI，可轻松创建、更新和管理复杂项目。

(10)UI 插件 API。Vue UI 公开了一个插件 API，可以用它将自定义功能添加到 CLI 的 GUI 版本中。

5.1.2 使用 Vue CLI 构建项目

1. Vue CLI 脚手架的安装

本书使用 Vue CLI 3.10 版本，Vue CLI 在从 3 版本开始包名称由 vue-cli 改成了 vue/cli，如果已经安装了 vue-cli(1. x 或者 2. x)，需要进行卸载，卸载命令如下：

```
npm unistall vue-cli - g
```

通过 npm 全局安装@ vlue/cli 脚手架命令如下：

```
npm install @ vue/cli@ 3.10 - g
```

Vue CLI 安装成功后，可使用 vue-V 命名查看当前版本号，如图 5-1 所示。接下来，就可以通过 Vue CLI 脚手架来创建项目了。

2. Vue create 命名创建项目

Vue CLI 安装成功后，在命令行窗口中，可以使用 Vue create 命令来创建项目，该命名会

```
C:\Users\Administrator>vue -V
3.10.0
```

图 5-1　查看 Vue CLI 版本号

自动生成项目所需的文件、目录、配置和依赖。例如要创建一个名为 helloworld 的项目，其命令如下：

```
Vue create helloworld
```

执行 Vue create 命令后，可以看到如图 5-2 所示界面。

```
? Please pick a preset: (Use arrow keys)
> default (babel, eslint)
  Manually select features
```

图 5-2　Vue create 命名结果界面

在这一步，可以通过键盘向上/向下键选择创建项目的方式，default 是默认选择项，表示选用默认方式创建项目，这种方式包含基本的 babel 和 eslint 的设置，适合快速构建项目。Manually select features 选项表示选用手动配置方式创建项目，可以选择项目所需要的 npm 包。读者可以根据实际需要选择创建项目的方式，在这里，选择手动配置方式创建 helloworld 项目，手动配置界面如图 5-3 所示。

```
oggle all, <i> to invert selection)
>(*) Babel
 ( ) TypeScript
 ( ) Progressive Web App (PWA) Support
 ( ) Router
 ( ) Vuex
 ( ) CSS Pre-processors
 (*) Linter / Formatter
 ( ) Unit Testing
 ( ) E2E Testing
```

图 5-3　Vue create 命名手动配置结果界面

在此界面中，可以通过向上/向下箭头选择操作项，按 Space 空格键选择某一项，按“i”键进行所有项的反选操作，图 5-3 中每个选项的作用说明如下。

(1) Babel：JavaScript 语法编译器。

(2) TypeScript：TypeScript 是一个 JavaScript(后缀 .js) 的超集(后缀 .ts) 包含并扩展了 JavaScript 的语法，需要被编译输出为 JavaScript 在浏览器运行。

(3) Progressive Web App (PWA) Support：渐进式 Web 应用程序。

(4) Router：vue-router(vue 路由)。

(5) Vuex：vue 的状态管理模式。

(6) CSS Pre-processors：CSS 预处理器(如：less、sass)。

(7) Linter/Formatter：代码风格检查和格式化(如：ESlint)。

(8) Unit Testing：单元测试(unit tests)。

(9) E2E Testing：端对端(end to end)测试。

在此界面选择需要的选项后，后续还有一些详细配置的选项，读者可以根据需要选择，也可以全部使用默认项。项目创建成功后，根据界面提示，可以执行如下两项命名，进入项目目录，启动项目：

```
cd helloworld
npm run serve
```

项目启动后，可以看到如图 5-4 所示界面，说明已经启动了一个 localhost：8080 本地服务。

```
App running at:
- Local:   http://localhost:8080/
- Network: http://192.168.0.101:8080/

Note that the development build is not optimized.
To create a production build, run npm run build.
```

图 5-4　项目启动界面

接下来，在浏览器中输入 http：//localhost：8080 地址，看到的页面效果如图 5-5 所示。

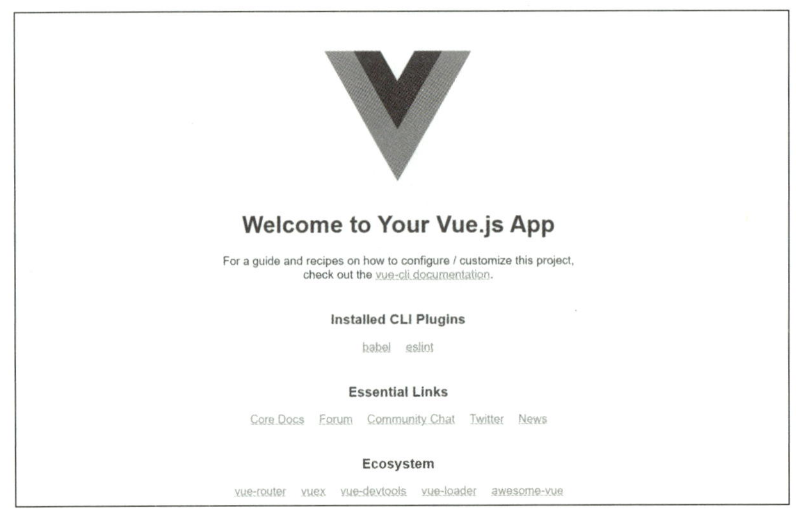

图 5-5　启动服务页面效果图

3. 图形用户界面(GUI)创建项目

除了使用前面讲述的 Vue create 命令创建项目，Vue CLI 还提供了使用图形用户界面(GUI)创建项目的方式，使用这种方式创建项目更为直观、简单。

首先，建立一个 ui-test 的项目目录，在命名行窗口中定位到该目录下，运行如下指令：

```
vue ui
```

接下来，在浏览器中输入 http：//localhost：8080 地址，看到的页面效果如图 5-6 所示。

在这个可视化界面上，可以通过界面的操作引导，简单快速地创建一个 Vue. js 项目。在图 5-6 中 3 个导航菜单中，“项目”选项是已经创建项目的列表实现，“创建”选项可以创建新的 Vue. js 项目，“导入”选项可以导入已经存在的项目。

图 5-6　Vue 项目管理器

接下来对通过这个界面创建 .js 项目的步骤进行详细说明。

首先，点击“创建”选项卡，然后单击“在此创建新项目”按钮，进入创建新项目页面，如图 5-7 所示。

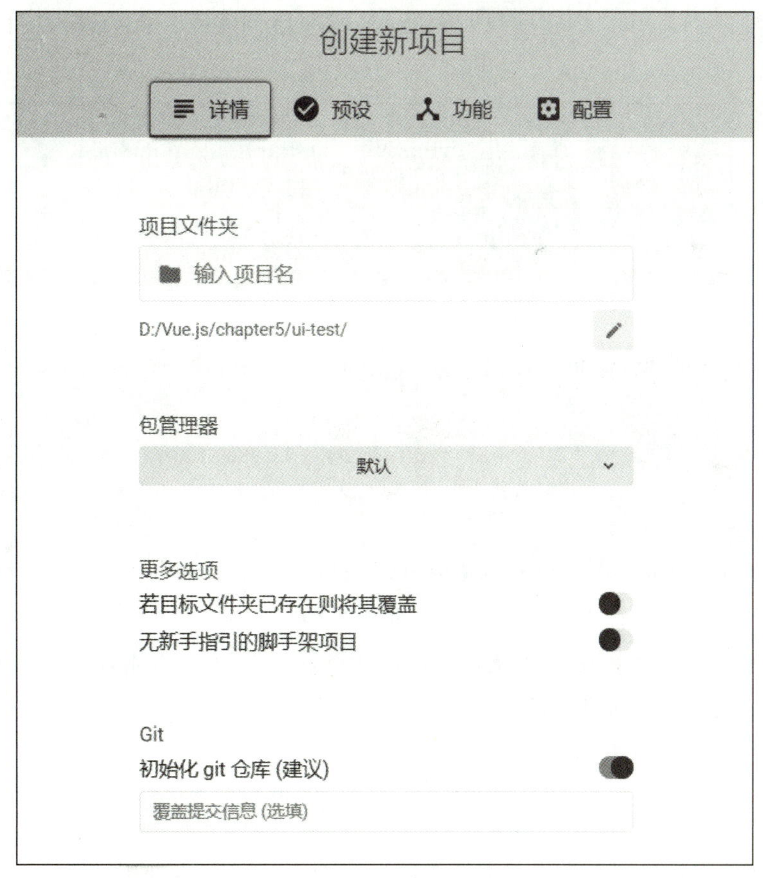

图 5-7　创建新项目

在图 5-7 界面中，输入项目名 helloworld，选择项目目录，单击“下一步”按钮，进入如

图 5-8 所示页面，在这里可以选择创建模式，这几种创建模式的区别在之前的“Vue create 命名创建项目”小节中已经详细说明，这里不再赘述。

如果选择了“手动”选项卡，就要在如图 5-8 所示界面中对需要的库和插件进行选择。

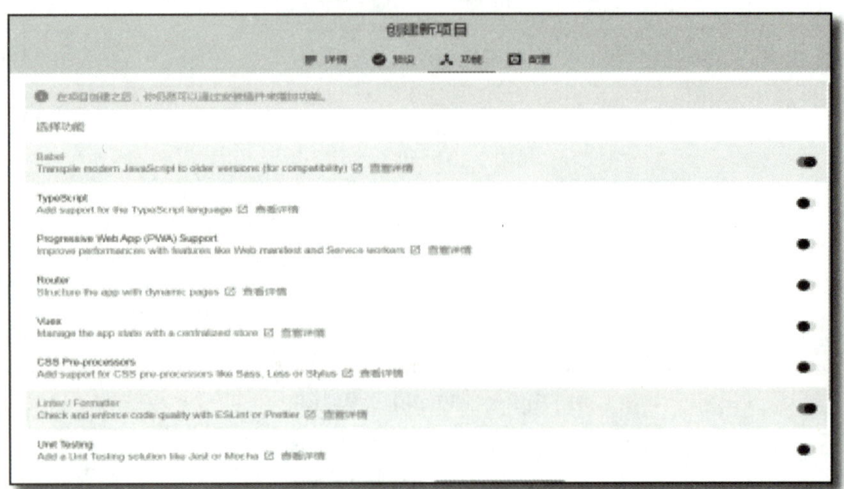

图 5-8　插件和库选择界面

接下来，点击界面中的“创建项目”按钮，等待项目创建完，就会进入项目仪表盘页面，如图 5-9 所示：

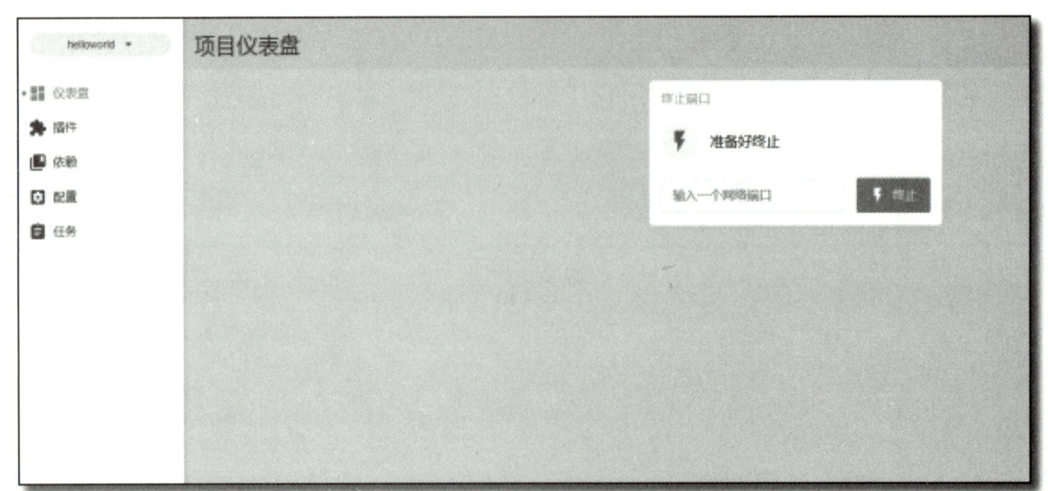

图 5-9　项目仪表盘

在仪表盘页面中，点击“任务”选项，可以查看任务列表，点击任务列表中的“server”，然后点击“运行”按钮，项目就启动成功了，此时在浏览器输入地址 http：//localhost：8080 所看到的页面和图 5-4 相同。

5. 1. 3　项目目录

项目创建成功后，可以看到项目的目录结构如图 5-10 所示。

图 5-10　项目目录结构

项目目录结构中，主要的目录和文件说明如下所示。

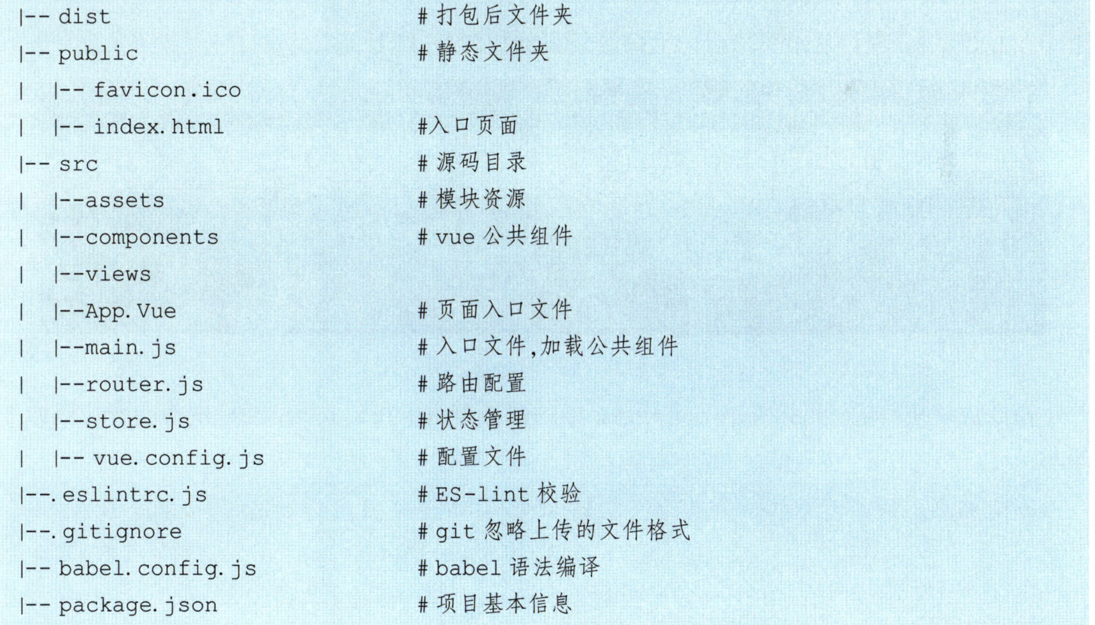

```
|-- dist                          # 打包后文件夹
|-- public                        # 静态文件夹
|   |-- favicon.ico
|   |-- index.html                #入口页面
|-- src                           # 源码目录
|   |--assets                     # 模块资源
|   |--components                 # vue 公共组件
|   |--views
|   |--App.Vue                    # 页面入口文件
|   |--main.js                    # 入口文件,加载公共组件
|   |--router.js                  # 路由配置
|   |--store.js                   # 状态管理
|   |-- vue.config.js             # 配置文件
|--.eslintrc.js                   # ES-lint 校验
|--.gitignore                     # git 忽略上传的文件格式
|-- babel.config.js               # babel 语法编译
|-- package.json                  # 项目基本信息
```

5.2 插件

Vue CLI 使用了一套基于插件的架构，查看前节中创建的 helloworld 项目中的 package.json，就会发现依赖都是以@ vue/cli-plugin-开头的。插件可以修改 Webpack 的内部

配置，也可以向 vue-cli-service 注入命令。在项目创建的过程中，绝大部分列出的特性都是通过插件来实现的，基于插件的架构使得 Vue CLI 灵活且可扩展。helloworld 项目中的 package.json 依赖声明代码如下。

```
"devDependencies":{
    "@ vue/cli-plugin-babel":"^4.5.0",
    "@ vue/cli-plugin-eslint":"^4.5.0",
    "@ vue/cli-plugin-pwa":"^4.5.0",
    "@ vue/cli-service":"^4.5.0",
    "babel-eslint":"^10.1.0",
    "eslint":"^6.7.2",
    "eslint-plugin-vue":"^6.2.2",
    "sass":"^1.26.5",
    "sass-loader":"^8.0.2",
    "vue-template-compiler":"^2.6.11"
    }
```

在以上依赖声明中，以“@ vue/cli-plugin-”开头的是内置插件，每个 CLI 插件都会包含一个生成器和一个运行时插件。当你使用 vue create 来创建一个新项目的时候，这些插件会根据你选择的特性被预安装好。

如果想在一个已经被创建好的项目中安装一个插件，可以使用 vue add 命令，如下列命名是为项目安装 vue-router 路由插件。

```
vue add router
```

在 helloworld 项目目录下执行以上命令后界面如图 5-11 所示。

```
D:\vue.js\chapter6\helloworld>vue add router
? Use history mode for router? (Requires proper server setup for index fallback
? Use history mode for router? (Requires proper server setup for index fallback

in production) Yes

a  Invoking generator for core:router...
a  Successfully invoked generator for plugin: core:router
```

图 5-11　添加 router 插件

命令成功执行后，可以在 package.json 中的依赖声明中找到 router 插件的声明，代码如下所示。

```
"dependencies":
{
    "core-js":"^3.6.5",
    "register-service-worker":"^1.7.1",
    "vue":"^2.6.11",
    "vue-router":"^3.2.0";
    "vuex":"^3.4.0"
}
```

vue add 命令也可以安装第三方插件，例如如果要安装第三方插件 vuetify，可以使用以下

命令。

```
vue add vuetify
```

vuetify 插件安装完成后，读者会发现在项目的 src 目录下，多了一个 plugins 的文件夹，里面的 vuetify. js 文件是关于插件的配置文件，其内容如下所示。

```
import Vue from'vue';
import Vuetify from'vuetify/lib/framework';
Vue.use(Vuetify);
export default new Vuetify({
})
```

5.3 配置文件

在 Vue-cli3 中，可以使用全局配置文件，如果项目的根目录存在 vue. config. js 文件，@vue/cli-service 模块就会自动加载该文件。下面是对 vue. config. js 文件中重要配置参数的说明，其他详细配置可以参考 Vue CLI 官方文档。

```
const path=require('path')
module.exports={
    // 部署应用包时的基本 URL,用法和 Webpack 本身的 output.publicPath 一致
    publicPath:'./',
    // 输出文件目录
    outputDir:'dist',
    // eslint-loader 是否在保存的时候检查
    lintOnSave:true,
    // 是否使用包含运行时编译器的 Vue 构建版本
    runtimeCompiler:false,
    // 生产环境是否生成 sourceMap 文件
    productionSourceMap:false,
    // 生成的 HTML 中的<link rel="stylesheet">和<script>标签上启用 Subresource Integ-
rity (SRI)
    integrity:false,
    //Webpack 相关配置
    chainWebpack:(config)=>{
        config.resolve.alias
        .set('vue$','vue/dist/vue.esm.js')
        .set('@',path.resolve(__dirname,'./src'))
    },
    configureWebpack:(config)=>{
        if (process.env.NODE_ENV==='production'){
            // 生产环境
            config.mode='production'
        }else{
            // 开发环境
```

```
            config.mode='development'
        }
    },
    // css 相关配置
    css:{
        // 是否分离 css(插件 ExtractTextPlugin)
        extract:true,
        // 是否开启 CSS source maps
        sourceMap:false,
        // css 预设器配置项
        loaderOptions:{},
        // 是否启用 CSS modules for all css/pre-processor files.
        modules:false
    },
    // 是否使用 thread-loader
    parallel:require('os').cpus().length >1,
    // PWA 插件相关配置
    pwa:{},
    //Webpack-dev-server 相关配置
    devServer:{
        open:true,
        host:'localhost',
        port:8080,
        https:false,
        hotOnly:false,
        // http 代理配置
        proxy:{
            '/api':{
                target:'http://127.0.0.1:3000/api',
                changeOrigin:true,
                pathRewrite:{
                    '^/api':''
                }
            }
        },
        before:(app)=>{}
    },
    // 第三方插件配置
    pluginOptions:{
    }
}
```

以上配置参数中 devServer 中的属性是 Webpack-dev-server 的相关参数设置，Webpack-dev-server 可以看作一个服务器，它的主要工作就是接收浏览器的请求，然后将资源返回。

webpack-dev-server 中的 before 属性可以设置在服务器内部的其他中间件执行前自动执行

的中间件，用于自定义处理程序，如【实例 5-1】所示。

【实例 5-1】

(1)在 helloworld 项目根目录下创建 data 目录，在 data 目录下创建 sites. json，文件初始数据如下：

```
{
    "sites":
    [
            {
                "name":"淘宝",
                "url":"www.taobao.com"
            },
            {
                "name":"google",
                "url":"www.google.com"
            },
            {
                "name":"微博",
                "url":"www.weibo.com"
            }
    ]
}
```

(2)修改 vue. config. js 文件，具体代码如下：

```
var sites=require('./data/sites.json');
module.exports={
    devServer:{
        port:3000,
        open:true,
        before:function (app){
            app.get('/test/sites',function (req,res){
                res.json(sites);
            })
        }
    }
}
```

(3)执行 npm ren server 命令，启动项目。

(4)访问 http：//localhost：3000/test/sites，运行效果如图 5-12 所示。

```
localhost:3000/test/sites
{"sites":[{"name":"淘宝","url":"www.taobao.com"},{"name":"google","url":"www.google.com"},{"name":"微博","url":"www.weibo.com"}]}
```

图 5-12　【实例 5-1】运行效果图

5.4 环境变量和模式

5.4.1 环境变量

一个软件项目在正式投入运行前，都要经过开发、测试、试运等过程，而每一个环节的环境不可能完全相同，也就是不同的环境就需要不同的配置参数，环境变量和模式可以很好地解决这个问题。读者可以在项目根目录中放置下列文件来指定环境变量：

(1). env 文件：在所有的环境中被载入。

(2). env. local l 文件：在所有的环境中被载入，但会被 git 忽略。

(3). env. [model]文件：只在指定的模式中被载入。

(4). env. [mode]. local 文件：只在指定的模式中被载入，但会被 git 忽略。

在 env 文件中，只包含环境变量的“键=值”对，例如：

```
FOO=bar
VUE_APP_NOT_SECRET_CODE=some_value
```

这些环境变量都是在项目根目录下建立的，当运行相关命令的时候，会根据不同的环境载入不同的文件，以至于能正确读到文件里的变量。不同的环境文件有不同的优先级别，载入的优先级别如下所示。

```
.env.[mode].local >.env.[mode]>.env
```

设置完环境变量之后就可以在项目中使用这些变量了。不过还需要注意的是在项目的不同地方使用，限制也不一样。

(1)在项目中，也就是 src 中使用环境变量的话，必须以 VUE_ APP_ 开头。

(2)在 Webpack 配置中使用，可以直接通过 process. env. XXX 来使用。

5.4.2 模式

模式是 Vue CLI 项目中一个重要的概念。默认情况下，一个 Vue CLI 项目有三个模式。

(1)development：在 vue-cli-service serve 下，即开发环境使用。

(2)production：在 vue-cli-service build 和 vue-cli-service test：e2e 下，即正式环境使用。

(3)test：在 vue-cli-service test：unit 下使用。

可以通过为. env 文件增加后缀来设置某个模式下特有的环境变量，这些文件就只会在某个模式下被载入，例如 . env. development 的文件就只会在 development 模式下被载入。

当然，也可以通过参数来修改默认模式。通过 mode 后面跟上指定模式名来修改。例如想在 build 构建的时候，使用开发环境的变量，就要做如下设置。

```
"build":"vue-cli-service build --mode development"
```

除了使用以上三个模式，也可以建立自定义模式，在这里演示建立自定义 testmode 的步骤。

首先，需在项目根目录新建 . env. testmode 文件，对应的声明变量如下所示。

```
NODE_ENV='product'
VUE_APP_CURRENTMODE=' testmode'
outputDirect='testmode'
```

接下来，要在 package. json 加入 prepare 模式。

```
"scripts":{
    "serve":"vue-cli-service serve",
    "testmode":"vue-cli-service build --mode testmode",
    "build":"vue-cli-service build",
    "lint":"vue-cli-service lint"
}
```

最后，在 vue. config. js 中使用环境变量，指定输出文件为环境变量配置的文件。

```
outputDir:process.env.outputDir
```

以上操作完成后，在命令行窗口中执行 npm run testmode 命令，能看到项目根目录下生成了 testmode 文件夹，如图 5-13 所示。

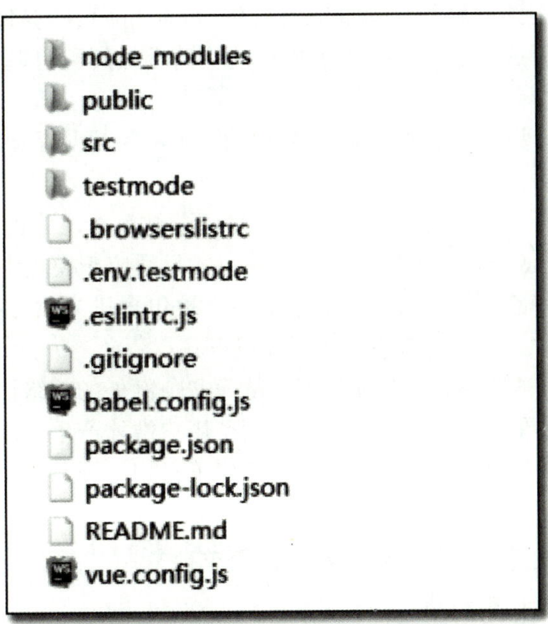

图 5-13　生成 testmode 文件夹

5.5 静态资源管理

Vue CLI 提供了以下两种处理静态资源的方式。

(1) 在 JavaScript 被导入或在 template/CSS 中通过相对路径被引用，这类引用会被 Webpack 处理。

(2) 放置在 public 目录下或通过绝对路径被引用，这类资源将会直接被拷贝，而不会经过 Webpack 的处理。

1. 从相对路径导入静态资源

当在 JavaScript、CSS 或 vue 文件中使用相对路径引用一个静态资源时，该资源将会被包含进入 Webpack 的依赖图中。在其编译过程中，所有诸如<img src="...">、background: url(...) 和 CSS @ import 的资源 URL 都会被解析为一个模块依赖。

例如，css 源代码

```
background:url(./images/example.jpg)
```

会被翻译为如下代码：

```
require('./images/example.jpg')
```

源代码

```
<img src="./images/example.jpg">
```

会被翻译为如下代码：

```
createElement('img',{attrs:{src:require('./images/example.jpg')}})
```

使用从相对路径导入静态资源时，会遵循以下 URL 转换规则。

(1)如果 URL 是一个绝对路径（例如/images/example.jpg），它将会被保留不变。

(2)如果 URL 以 . 开头，它会作为一个相对模块请求被解释且基于你的文件系统中的目录结构进行解析。

(3)如果 URL 以~开头，其后的任何内容都会作为一个模块请求被解析，Node 模块中的资源同样可以被解析。

(4)如果 URL 以@开头，它也会作为一个模块请求被解析。它的用处在于 Vue CLI 默认会设置一个指向<projectRoot>/src 的别名@，这种方式只适应于模板中。

使用相对路径导入静态资源的方式，静态资源会被包含进入 Webpack 的依赖图中，通过 Webpack 进行处理，这种方式的优势主要体现在以下几点。

(1)脚本和样式表会被压缩且打包在一起，从而避免额外的网络请求。

(2)文件丢失会直接在编译时报错，而不是到了用户端才产生 404 错误。

(3)最终生成的文件名包含了内容哈希，因此你不必担心浏览器会缓存它们的老版本。

2. public 文件夹引入静态资源

任何放置在 public 文件夹的静态资源都会被简单地复制，而不经过 Webpack，在需要引入这些静态资源时，要使用绝对路径。

使用 public 文件夹引入静态资源时，如果应用没有部署在域名的根部，那么就需要为 URL 配置 publicPath 前缀，设置前缀有以下两种情况。

(1)在 public/index.html 或其他通过 html-Webpack-plugin 用作模板的 HTML 文件中，需要通过<%=BASE_ URL %>设置链接前缀，代码如下所示。

```
<link rel="icon"href="<% =BASE_URL % >favicon.ico">
```

(2)在组件模板中，原来的路径的资源还可以正常使用。如果需要更改路径，可以向组件中传入 URL，示例代码如下所示。

```
data (){
    return{
        publicPath:process.env.BASE_URL
    }
}
```

然后使用 publicPath：

```
<img:src=" ${publicPath}example.jpg' ">
```

相比用相对路径引入静态资源，public 文件夹引入方式没有通过 Webpack 进行处理，所以一般推荐前一种方式，当有以下几种情况时，可以使用后一种方式引入静态资源。

(1)需要在构建输出中指定一个文件的名字。

(2)有上千个图片，需要动态引用它们的路径。

(3)有些库可能和 Webpack 不兼容，这时除了将其用一个独立的<script>标签引入没有别的选择。

5.6 本章总结

本章主要介绍 Vue CLI 3. x 脚手架的安装步骤，使用 Vue CLI 3. x 脚手架如何创建项目以及进行相关配置的方法。Vue CLI 基于 Vue. js 可以进行快速开发的完整系统，为快速原型设计、简化应用程序搭建和进行高效项目管理提供了有效工具。

本章习题

一、填空题

1. 全局安装@ vue/cli 3. x 的命令是________。
2. 卸载 vue-cli(1. x 或者 2. x)的命令是________。
3. 使用________命令可以查看 Vue 的版本号。
4. Vue CLI3 使用________命令创建 Vue 项目。
5. 在所有的环境中都会被载入的环境文件是________。
6. 项目安装 vue-router 路由插件的命令是________。

二、选择题

1. 使用 Vue CLI 成功创建项目后，可以用下列哪个命令启动项目(　　)。

A. npm run serve　　B. npm start serve

C. npm begin serve　　D. run server

2. 在使用从相对路径导入静态资源时，关于 URL 转换规则说法错误的是(　　)。

A. 如果 URL 是一个绝对路径，它将会被保留不变

B. 如果 URL 以 . 开头，它会作为一个相对模块请求被解释

C. 如果 URL 以~开头，其后的任何内容都会作为一个模块请求被解析

D. 如果 URL 以@ 开头，会作为一个相对模块请求被解析

3. 下列不属于 Vue CLI 默认情况下的模式的是(　　)。

A. development　　B. running

C. production　　D. test

4. 使用 Vue CLI 3 生成的目录机构中，下列选项与其说明不匹配的是(　　)。

A. dist：源码文件夹　　B. public：静态文件夹

C. index. htm：入口页面　　D. component：vue 公共组件

5. Vue-cli3 中的全局配置文件是(　　)。

A. vue. config. js　　B. Vue. js

C. vue. config. json　　D. vuecli3. config. js

三、简答题

1. 使用从相对路径导入静态资源时，会遵循哪些 URL 转换规则？
2. 简述组成 Vue CLI 的三个主要工具。

拓展实训

使用 Vue CLI3 脚手架搭建“MoreMall 网上商城”项目，采取前后端分离的模式，前端主要使用 Vue 作为前端开发框架，使用 vue-router 实现前端路由的定义、跳转以及参数的传递等。要求创建一个 MoreMall 的文件夹，在此文件夹下使用 Vue CLI 创建前端项目文件 client，其具体目录结构如下所示。

(1) public：存放公共文件；

(2) src：源代码目录，保存开发人员编写的项目代码；

(3) src/api：插件目录，存放 axios 配置以及相关接口文件；

(4) src/assets：资源文件目录，如图片、css 等；

(5) src/components：组件文件目录；

(6) src/config：配置文件；

(7) src/views：页面文件目录；

(8) src/App. Vue：项目入口根文件；

(9) src/main. js：项目入口文件；

(10) src/router. js：路由文件；

(11) src/store. js：数据状态存储文件。

第 6 章　路由插件

在上一章节中，读者学习了 Vue CLI 快速项目化插件的使用，本章将学习 Vue. js 中的路由插件。在前后端分离的项目开发中，为了均衡前后端的工作量，在前端也有了路由操作，这样一来，前端做好了路由分发之后，后端就只需要专注于写 API 接口来进行数据交互以及逻辑处理。Vue. js 中的路由允许使用不同的 URL 来访问不同的内容，vue-router 是 Vue. js 官方的路由管理器，它是根据路由状态来切换组件的一个插件。

本章的学习重点

- vue-router 路由
- 动态路由

引导案例

在实际应用中，经常会碰到复杂多变的导航，若由服务器解析并渲染页面，不仅复杂而且耗时，那么 Vue. js 能否在前端解决这些问题呢？例如有如下后台管理系统，如图 6-1 所示。

我的后台管理系统

用户管理
权限管理
商品管理
订单管理
系统设置

用户管理区域

编号	姓名	年龄	操作
1	张三	10	详情
2	李四	20	详情
3	王五	30	详情
4	赵六	40	详情

版权信息

图 6-1　我的后台管理系统

案例思考

在上述的管理系统中点击左侧导航时，右侧会显示不同的管理页面，这个操作并没有过多的数据加载。点击详情时，会显示不同的信息。如果这些导航全部由服务器渲染，则每次都需要往返，每次都需要刷新整个页面。Vue.js 是否可以在前端来解决部分问题？vue-router 是一个与 Vue.js 核心深度集成的前端路由插件。前端技术发展到现在，整个界面已经在 Vue.js 框架下实现了组件化，并且服务器端不再承担将数据渲染到 HTML 页面的任务，数据到界面的渲染由 Vue.js 前端框架来完成，vue-router 就是一个路由管理器，和 Vue.js 高度耦合，能够帮助开发人员快速构建单页面应用。

6.1 前端路由与 vue-router

在现代 Web 开发中，路由是非常重要的一环。但路由到底是什么呢？有一种说法是，路由就是指随着浏览器地址栏的变化，展示给用户不同的页面，这是从路由的用途上来解释路由的；还有一种说法是，路由就是 URL 到函数的映射，这是从路由的实现原理上来解释路由的。

简单举例说明，假如有一台提供 Web 服务的服务器的网络地址是 10.0.0.1，而该 Web 服务器又提供了三个可供用户访问的页面，其页面 URL 分别是

```
http://127.0.0.1/
http://127.0.0.1/me
http://127.0.0.1/you
```

那么其路径就分别是 /，/me，/you。

当用户使用 http://127.0.0.1/me 来访问该页面时，Web 服务器会接收到这个请求，然后会解析 URL 中的路径/me，在 Web 服务的程序中，该路径对应着相应的处理逻辑，程序会把请求交给路径所对应的处理逻辑，这样就完成了一次“路由分发”，这个分发就是通过“路由”来完成的。

以前的项目开发中，路由都是由后台完成的，通过用户请求的 URL 导航到具体的 HTML 页面，前端路由就是通过配置 JavaScript 文件，把这个工作拿到前端来实现。

通俗地说，路由就是根据不同的 URL 地址展示不同的内容或页面。

路由本身也经历了两个不同的发展阶段：后端路由和前端路由。

后端路由又可称为服务器端路由，因为对于服务器来说，当接收到客户端发来的 HTTP 请求，就会根据所请求的相应 URL，来找到相应的映射函数，然后执行该函数，并将函数的返回值发送给客户端。对于最简单的静态资源服务器，可以认为，所有 URL 的映射函数就是一个文件读取操作；对于动态资源，映射函数可能是一个数据库读取操作，也可能是进行一些数据的处理等。然后根据这些读取的数据，在服务器端使用相应的模板来对页面进行渲染，再返回渲染完毕的页面。后端路由方式在早期的 Web 开发中非常普遍，它的优点与缺点都很明显。

(1)优点：安全性好，SEO 好。

(2)缺点：加大服务器的压力，不利于用户体验，代码冗余。

也正是由于后端路由还存在着以上不足，前端路由才有了属于自己的一片天地与发展的空间，在当前的 Web 开发中发挥了重大作用。

6.1.1　什么是前端路由

对于前端路由来说，路由的映射函数通常是进行一些 DOM 的显示和隐藏操作。这样，当访问不同路径的时候，会显示不同的页面组件。前端路由主要有两种实现方案：Hash 路由和 History API 路由。Hash 路由以“#号加路径名”的方式，将路由添加到 URL 地址末尾。History API 路由就是通过浏览器提供的 History API 实现路由的跳转，可以实现直接将路由路径追加到浏览器名末尾。下面了解一下这两种路由的使用方式。

1. Hash

早期的前端路由的实现就是基于 location. hash 来实现的。其实现原理也很简单，location. hash 的值就是 URL 中#后面的内容。例如下面这个网站，它的 location. hash=' #me'：

```
http://127.0.0.1#me
```

此外，Hash 路由也存在下面几个特性。

URL 中的 Hash 值只是客户端的一种状态，也就是说当向服务器端发出请求时，Hash 部分不会被发送。

Hash 值的改变，都会在浏览器的访问历史中增加一个记录。因此能通过浏览器的回退、前进按钮控制 Hash 的切换。

此时可以使用 hashchange 事件来监听 Hash 的变化。

触发 Hash 变化的方式也有两种，一种是通过<a>标签，并设置 href 属性，当用户点击这个标签后，URL 就会发生改变，也就会触发 hashchange 事件：

```
<a href="#srtian">srtian</a>
```

还有一种方式就是直接使用 JavaScript 来对 loaction. hash 进行赋值，从而改变 URL，触发 hashchange 事件：

```
location.hash="#srtian"
```

2. History API

前面的 Hash 虽然也很不错，但使用时都需要加上#，并不是很美观。因此到了 HTML5，又提供了 History API 来实现 URL 的变化。其中最主要的 API 有以下两个：history. pushState( ) 和 history. repalceState( )。

这两个 API 都可以在不进行页面刷新的情况下，操作浏览器的历史记录。唯一不同的是，前者是新增一个历史记录，后者是直接替换当前的历史记录。此外，这两个 API 都接收三个参数：状态对象、标题及地址。代码如下所示。

```
window.history.pushState(null,null,"http://127.0.0.1");
```

(1)状态对象(state object)：一个 JavaScript 对象，与用 pushState( )方法创建的新历史记录条目关联。无论何时用户导航到新创建的状态，会触发 popState 事件，并能在事件中使用该对象，可以为 null。

(2)标题(title)：路由的名称，一般浏览器会忽略，最好传入 null。

(3)地址(URL)：要跳转的路径，就是需要新增的历史记录的地址，浏览器不会去直接加载该地址，但后面也可能会去尝试加载该地址。此外需要注意的是，传入的 URL 与当前 URL 应该是同源的。

此外，还提供了 popState 事件来监听历史记录的变化，可以看看下面这个实例。

```
<p id="example">
<a href="/name"title="name">name</a>
<a href="/age"title="age">age</a>? </p><div class="main"id="main"></div>
<script>
(function(){
    var examplebox=document.getElementById('example')
    var mainbox=document.getElementById('main')
    examplebox.addEventListener('click',function(e){
        e.preventDefault()
        var elm=e.target
        var uri=elm.href
        var tlt=elm.title
        history.pushState({path:uri,title:tlt},null,uri)
        mainbox.innerHTML='current page is'+tlt
    })
    window.addEventListener('popstate',function(e){
        var state=e.state
        mainbox.innerHTML='current page is'+state.title
    })
})()
</script>
```

前端路由的两种实现方案(Hash 和 History API)区别如下。

基于 Hash 的路由实现，#号路径比较难看，使用 onhashchange 来监听路由变化，兼容性较好；而基于 History API 的路由，则更正式、更美观，可以设置与当前 URL 同源的任意 URL，路径更直观，使用 onpopstate 来监听路由变化，是 HTML5 的 API，兼容性差一点。此外，基于 Hash 的路由不需要对服务器做改动，基于 History API 的路由需要对服务器做一些改造，需要对不同的路由进行相应的设置才行。

相比后端路由，前端路由有如下优点。

(1)从性能和用户体验的层面来比较，后端路由每次访问一个新页面的时候都要向服务器发送请求，然后服务器再响应请求，这个过程肯定会有延迟。而前端路由在访问一个新页面的时候仅仅是变换了一下路径而已，没有了网络延迟，对于用户体验来说会有相当大的提升。

(2)在某些场合中，用 Ajax 请求，可以让页面无刷新，页面变了但 URL 没有变化，用户就不能复制到想要的地址，用前端路由做单页面网页就很好地解决了这个问题。

(3)前后端分离：得益于前端路由和现代前端框架的完整的前后端渲染能力，跟页面渲染、组织、组件相关的东西，后端终于可以不用再参与了。前后端分离的开发模式也逐渐开始普及。前端开始更加注重页面开发的工程化、自动化，而后端则更专注于 API 的提供和数据库的保障。代码层面上耦合度也进一步降低，分工也更加明确，也摆脱了当初刀耕火种的 Web 开发年代。

当然，前端路由也存在缺陷，使用浏览器的前进和后退键时会重新发送请求来获取数据，没有合理地利用缓存。但总地来说，现在前端路由已经是实现路由的主要方式了，开发人员常用的诸如 vue-router 等路由控制都是基于前端路由进行开发的。

6.1.2　vue-router 的基本用法

路由，其实就是指向的意思，当点击页面上的 Home 按钮时，页面中就要显示 Home 的内容，如果点击页面上的 About 按钮，页面中就要显示 About 的内容，这可以说是一种映射。所以在页面上有两个部分：一个是点击部分；一个是点击之后显示内容的部分。

点击之后，怎么做到正确的对应，例如，点击 Home 按钮，页面中怎么就正好能显示 Home 的内容。这就要在 JavaScript 文件中配置路由。

路由中有三个基本的概念 route，routes，router。

(1) route 是一条路由，由这个英文单词也可以看出来，它是单数，Home 按钮 =>home 内容，这是一条 route，About 按钮 =>About 内容，这是另一条路由。

(2) routes 是一组路由，把上面的每一条路由组合起来，形成一个数组。[{Home 按钮 => Home 内容}，{About 按钮 =>About 内容}]。

(3) router 是一个机制，相当于一个管理者，它来管理路由。因为 routes 只是定义了一组路由，它放在那里是静止的，当真正来了请求，怎么办？就是当用户点击 Home 按钮的时候，怎么办？这时 router 就起作用了，它到 routes 中去查找，去找到对应的 Home 内容，所以页面中就显示了 Home 内容。

客户端中的路由，实际上就是 DOM 元素的显示和隐藏。当页面中显示 Home 内容的时候，About 中的内容全部隐藏，反之也是一样。上面提到过，客户端路由有两种实现方式：基于 Hash 和基于 HTML5 History API。

vue-router 是 Vue. js 官方的路由管理器。它和 Vue. js 的核心深度集成，让构建单页面应用变得易如反掌。包含的功能有

(1) 嵌套的路由/视图表。

(2) 模块化的、基于组件的路由配置。

(3) 路由参数、查询、通配符。

(4) 基于 Vue. js 过渡系统的视图过渡效果。

(5) 细粒度的导航控制。

(6) 带有自动激活的 CSS class 的链接。

(7) HTML5 历史模式或 Hash 模式，在 IE9 中自动降级。

(8) 自定义的滚动条行为。

前端发展到现在，整个界面已经在 Vue. js 框架下实现了组件化，并且服务端不再承担将数据渲染为 HTML 的任务，数据到界面的渲染由 Vue. js 前端框架来完成，服务端只提供 rest 接口，为前端提供 JSON 格式的数据。前端完全组件化后，将形成一个组件树，如图 6-2 所示。

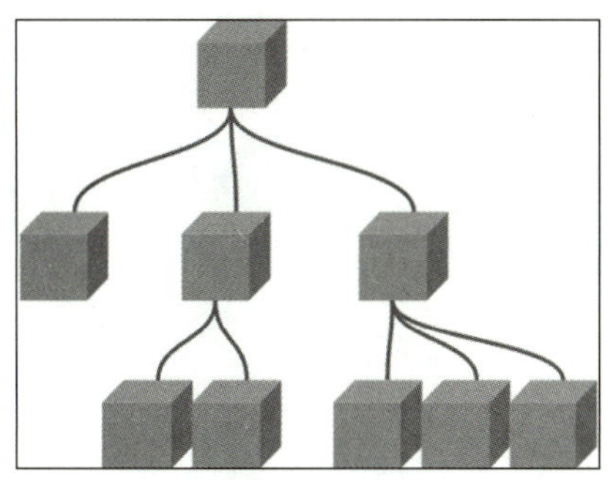

图 6-2　组件树

路由功能由传统的页面切换转变为组件的切换，例如点击“列表页面”组件上的新建按钮，会将当前的“列表页面”组件切换为“新建页面组件”。整

个应用将不存在页面的切换，也就是所谓的单页应用。vue-router 就是一个路由管理器，是根据路由状态来切换组件的一个框架。

在 Vue.js 中实现路由还是相对简单的。因为 Web 前端页面中所有内容都是组件化的，只要把路径和组件对应起来就可以了，然后在页面中把组件渲染出来。一般按以下步骤实现路由。

第一步，页面实现(HTML 模版)。

在 vue-router 中，它定义了两个标签<router-link>和<router-view>来对应点击和显示部分。<router-link>就是定义页面中点击的部分，<router-view>定义显示部分，就是点击后，匹配的内容显示在什么地方。所以<router-link>还有一个非常重要的属性 to，定义点击之后要跳转到哪里去，如：<router-link to="/home">Home</router-link>。

第二步，在 JavaScript 中配置路由。

首先要定义 route，它是一条路由的实现，是一个对象，由两个部分组成：path 和 component。path 指路径，component 指的是组件。如：{path:'/home'，component：home}。

这里有两条路由，组成一个 routes。

```
const routes=[
    {path:'/home',component:Home},
    {path:'/about',component:About}
]
```

最后创建 router 对路由进行管理，它由构造函数 new vueRouter()创建，接受 routes 参数。

```
const router=new VueRouter({
    routes // routes:routes 的简写
})
```

配置完成后，把 router 实例注入到 Vue 根实例中，就可以使用路由了。

```
const app=new Vue({
    router
}).$mount('#app')
```

路由执行时，用户点击<router-link>标签，会去寻找它的 to 属性，它的 to 属性和 JavaScript 中配置的路径{path：'/home'，component：Home}中的 path 一一对应，从而找到了匹配的组件，最后把组件渲染到<router-view>标签所在的地方，所有的这些实现都是基于 Hash 实现的。下面通过【实例 6-1】演示路由插件的使用。

【实例 6-1】路由插件使用示例。

(1)在 CLI 中创建项目，在 src 目录下新建两个组件 home.Vue 和 about.Vue。

```
home.Vue:
<template>
<div>
<h1>home</h1>
<p>{{msg}}</p>
</div>
</template>
<script>
export default{
```

```
    data (){
        return{
            msg:"我是 home 组件"
        }
    }
}
</script>
about.Vue:
<template>
<div>
<h1>about</h1>
<p>{{aboutMsg}}</p>
</div>
</template>
<script>
export default{
    data (){
        return{
            aboutMsg:'我是 about 组件'
        }
    }
}
</script>
```

(2)在 App. Vue 中定义<router-link>和</router-view>。

```
<template>
<div id="app">
<img src="./assets/logo.png">
<header>
<!-- router-link 定义点击后导航到哪个路径下-->
<router-link to="/home">Home</router-link>
<router-link to="/about">About</router-link>
</header>
<!-- 对应的组件内容渲染到 router-view 中-->
<router-view></router-view>
</div>
</template>
<script>
export default{

}
</script>
```

(3)在 src 目录下的 index. js 定义 router，就是定义路径到组件的映射。

```
import Vue from"vue";
import VueRouter from"vue-router";
// 引入组件
import home from"./home.Vue";
import about from"./about.Vue";
// 要告诉 Vue 使用 vueRouter
Vue.use(VueRouter);
const routes=[
    {
        path:"/home",
        component:home
    },
    {
        path:"/about",
        component:about
    }
]
var router=new VueRouter({
    routes
})
export default router;
```

(4)把路由注入到根实例中，启动路由。这里其实还有一种方法，就像 Vuex store 注入到根实例中一样，也可以把 vue-router 直接注入根实例中。在 main. js 中引入路由，注入根实例中。

```
import Vue from'vue'
import App from'./App.Vue'
// 引入路由
import router from"./index.js"      // import router 的 router 一定要小写,不要写成
Router,否则报 can't match 的错误
new Vue({
    el:'#app',
    router,// 注入到根实例中
    render:h=>h(App)
})
```

(5)这时点击页面上的 home 和 about 可以看到组件来回切换。但是有一个问题，当首次进入页面的时候，页面中并没有显示任何内容。这是因为首次进入页面时，它的路径是'/'，并没有给这个路径做相应的配置。一般，页面一加载进来都会显示 home 页面，需要将这个路径指向 home 组件。如果写{path: '/', component: home}，虽然可以展示 home 组件，但是路径为'/'和'/home'展示的同一个组件，路径和页面的匹配不便于用户理解，造成用户体验不够良好，该怎么办呢？这需要重定向，所谓重定向，就是重新给它指定一个方向，它本来是访问/路径，重新指向'/home'，它就相当于访问'/home'，相应地，home 组件就会显示到页面上。vue-router 中使用 redirect 来定义重定向。

```
const routes=[
    {
        path:"/home",
        component:home
    },
    {
        path:"/about",
        component:about
    },
    // 重定向
    {
        path:'/',
        redirect:'/home'
    }
]
```

现在页面正常了，首次进入显示 home，并且点击也可以看到内容的切换。

综上所述，vue-router 基本使用步骤如下。

(1)引入 vue-router 插件。

(2)让根元素 Vue 载入自定义的 VueRouter 对象(此对象由 vue-route 插件提供，插件最后会返回一个 VueRouter 对象和 router-linke 和 router-view 组件)，方便后面使用。

(3)创建、配置一个 router 对象，里面设定好不同的锚点值对应的路由以及对应好第二步里自定义的 VueRoter 对象。

(4)将创建好的 router 对象挂载到 Vue 实例对象上，直接如上写即可，如果报 matched 错误，一定是根元素 Vue 里没有写入 router。

(5)利用 vue-router 插件提供的两个全局的组件<router-link>和<router-view>设定好 DOM 布局，通过<router-link>组件的 to 属性设定好路由路径，且组件最后会被渲染成 a 标签，<router-view>给定一个路由组件的出口，用于让 VueRouter 对象进行数据渲染。

(6)根据不同的路由，渲染整个页面，最后展示出来。

6.1.3　vue-router 的高级用法

vue-router 提供的导航守卫主要用来通过跳转或取消的方式守卫导航。简单地说，导航守卫是指，在路由正在发生改变的过程中，通过跳转或取消跳转的方式控制导航。

导航守卫分为全局的、单个路由独享的及组件内的三种，下面分别进行介绍。

1. 全局的

前置守卫：使用 router. beforeEach 注册一个全局前置守卫。

```
const router=new VueRouter({...})
router.beforeEach((to,from,next)=>{
    //...
})
```

(1)to：即将要进入的目标路由对象。

(2)from：当前导航正要离开的路由对象。

(3) next：调用该方法来 resolve 这个钩子。

next()进行管道中的下一个钩子。如果全部钩子执行完了，则导航的状态就是 confirmed（确认的）。

next(false)中断当前的导航。如果浏览器的 URL 改变了（可能是用户手动或者浏览器后退按钮），那么 URL 地址会重置到 from 路由对应的地址。

next('/')或者 next({path：'/'})：跳转到一个不同的地址。当前的导航被中断，然后进行一个新的导航。

next(error)：(2.4.0+)如果传入 next 的参数是一个 Error 实例，则导航会被终止且该错误会被传递给 router.onError()注册过的回调。

2. 单个路由独享的

在路由配置上直接定义 beforeEnter 守卫：

```
const router=new VueRouter({
    routes:[
        {
            path:'/foo',
            component:Foo,
            beforeEnter:(to,from,next)=>{
                //...
            }
        }
    ]
})
```

这样定义的守卫是该路由独享的，只有进入该路由时才会执行这个守卫。其参数与全局前置守卫的方法参数是一样的。

3. 组件内的

在路由组件内直接定义以下路由导航守卫。

(1) beforeRouteEnter。

(2) beforeRouteUpdate（2.2 新增）。

(3) beforeRouteLeave。

```
const Foo={
    template:'...',
    beforeRouteEnter (to,from,next){
        // 在渲染该组件的对应路由被 confirm 前调用
        // 不！能！获取组件实例'this'
        // 因为当守卫执行前,组件实例还没被创建
        next(vm=>{
            // 通过'vm'访问该组件实例,这里的 vm 相当于 this
        })
    },
    beforeRouteUpdate (to,from,next){
        // 在当前路由改变,但是该组件被复用时调用
        // 举例来说,对于一个带有动态参数的路径/foo/:id,在/foo/1 和/foo/2 之间跳转的时候,
```

```
        // 由于会渲染同样的 Foo 组件,因此组件实例会被复用。而这个钩子就会在这个情况下被调用。
        // 可以访问组件实例'this'
    },
    beforeRouteLeave (to,from,next){
        // 导航离开该组件的对应路由时调用
        // 可以访问组件实例'this'
    }
}
```

beforeRouteLeave 离开守卫通常用来禁止用户在还未保存修改前突然离开。该导航可以通过 next(false)来取消。

```
beforeRouteLeave (to,from,next){
    const answer=window.confirm('Do you really want to leave? you have unsaved changes! ')
    if (answer){
            next()
    }else{
        next(false)
    }
}
```

完整的导航解析流程(执行顺序)如下所示。

(1)导航被触发。

(2)在激活的组件里调用离开守卫。

(3)调用全局的 beforeEach 守卫。

(4)在重用的组件里调用 beforeRouteUpdate 守卫 (2.2+)。

(5)在路由配置里调用 beforeEnter。

(6)解析异步路由组件。

(7)在被激活的组件里调用 beforeRouteEnter。

(8)调用全局的 beforeResolve 守卫 (2.5+)。

(9)导航被确认。

(10)调用全局的 afterEach 钩子。

(11)触发 DOM 更新。

(12)用创建好的实例调用 beforeRouteEnter 守卫中传给 next 的回调函数。

下面通过【实例 6-2】演示项目导航，运行效果如图 6-3 所示。

图 6-3　【实例 6-2】运行结果图

【实例 6-2】项目导航示例。

(1)创建 Vue CLI3 项目 client602：vue create client602。

(2)修改 src/App. Vue。

```
<template>
<div id="app">
<router-view/>
```

```
</div>
</template>
<script>
export default{
    watch:{
        '$route'(to,from){
            console.log("watch $route from:"+from.path);
            console.log("watch $route to:"+to.path);
            // 对路由变化作出响应...
        }
    }
}
</script>
<style lang="less">
#app{
    font-family:'Avenir',Helvetica,Arial,sans-serif;
    -webkit-font-smoothing:antialiased;
    -moz-osx-font-smoothing:grayscale;
    text-align:center;
    color:#2c3e50;
}
#nav{
    padding:30px;
    a{
        font-weight:bold;
        color:#2c3e50;
        &.router-link-exact-active{
            color:#42b983;
        }
    }
}
</style>
```

(3)修改 src/main. js。

```
import Vue from'vue'
import App from'./App.Vue'
import router from'./router'
import store from'./store'
Vue.config.productionTip=false
new Vue({
    router,
    store,
    render:h=>h(App)
}).$mount('#app')
```

(4)在 src 中添加 router. js。

```
import Vue from'vue'
import Router from'vue-router'
import Project from'@ /views/Project.Vue'

Vue.use(Router)

const myRouter=new Router({
    mode:'history',
    base:process.env.BASE_URL,
    routes:[
        {
            path:'/',
            name:'layout',
            component:()=>import('@ /views/Layout.Vue'),
            redirect:'/home',
            children:[
                {
                    path:'home',
                    name:'home',
                    component:()=>import('@ /views/Home.Vue')
                },
                {
                    path:'projectlist',
                    name:'projectlist',
                    component:()=>import('@ /views/ProjectList.Vue'),
                    //对象模式
                    props:{listTitle:"项目列表展示"},
                    children:[
                        {
                            path:'project/:projectId',
                            name:'project',
                            //布尔模式
                            props:true,
                            component:Project,
                            beforeEnter:(to,from,next)=>{
                                console.log("独享守卫 to:"+to.path);
                                console.log("独享守卫 from:"+from.path);
                                next();
                            }
                        }
                    ]
                },
                // 对于包含命名视图的路由,你必须分别为每个命名视图添加'props'选项:
                {
```

```
                    path:'projectlist2',
                    name:'projectlist2',
                    component:() =>import('@ /views/ProjectList2.vue'),
                    //函数模式
                    props:(route) =>({listTitle:route.query.title}),
                    children:[
                        {
                            path:'project2/:projectId',
                            name:'project2',
                            components:{
                                default:() =>import('@ /components/ProjectDetailHead.
Vue'),
                                detail:() =>import('@ /components/ProjectDetailContent.
Vue')
                            },
                            props:{default:false,detail:true}
                        }
                    ]
                }
            ]
        },
        {
            path:'*',
            name:'page404',
            component:() =>import('@ /views/404.vue')
        }
    ]
});
myRouter.beforeEach((to,from,next) =>{
    console.log("全局前置守卫 to:"+to.path);
    console.log("全局前置守卫 from:"+from.path);
    next();
});
myRouter.afterEach((to,from) =>{
    console.log("全局后置钩子 to:"+to.path);
    console.log("全局后置钩子 from:"+from.path);
});
export default myRouter
```

(5)在 src 中添加 store. js。

```
import Vue from'vue'
import Vuex from'vuex'
Vue.use(Vuex)
export default new Vuex.Store({
    state:{
```

```
    },
    mutations:{
    },
    actions:{
    }
})
```

在这里需要使用模块 vuex 和 less-loader@ 5. 0. 0。

(6)在 src \ components 中添加 Menu. Vue。

```
<template>
<div id="nav">
<router-link:to="{name:'home' }">首页</router-link>|
<router-link:to="{name:'projectlist' }">项目列表</router-link>|
<router-link:to="{name:'projectlist2',query:{title:'项目列表展示' }}">项目列表 2</
router-link>|
<router-link to="/about">未定义路由的页面</router-link>
</div>
</template>
```

(7)在 src \ components 中添加 ProjectDetailContent. Vue。

```
<template>
<div>
<div>项目 ID:{{projectId}}</div>
</div>
</template>
<script>
export default{
    name:'ProjectDetailContent',
    props:{
        projectId:[Number,String]
    }
}
</script>
```

(8)在 src \ components 中添加 ProjectDetailHead. Vue。

```
<template>
<div>
<h5>项目详情标题</h5>
</div>
</template>
<script>
export default{
    name:'ProjectDetailHead'
}
</script>
```

(9)在 src \ components 中添加 ProjectLeft. Vue。

```
<template>
<div>
<div v-for="item in projects"v-bind:key="item.id">
<router-link:to="{name:'project',params:{projectId:item.id}}">{{item.name}}</
router-link>
</div>
</div>
</template>
<script>
export default{
    data(){
        return{
            projects:[{
                name:'项目一',
                id:1
            },{
                name:'项目二',
                id:2
            }]
        }
    },
}
</script>
```

(10)在 src \ components 中添加 ProjectLeft2. vue。

```
<template>
<div>
<div v-for="item in projects"v-bind:key="item.id">
<router-link:to="{name:'project2',params:{projectId:item.id}}">{{item.name}}</
router-link>
</div>
</div>
</template>
<script>
export default{
    data(){
        return{
            projects:[{
                name:'项目一',
                id:1
            },{
                name:'项目二',
                id:2
            }]
```

```
        }
    },
}
</script>
```

(11)在 src 中添加 views 目录，并在其中添加 404. vue。

```
<template>
<div class="wscn-http404-container">
<div class="wscn-http404">
<div class="pic-404">
<img class="pic-404__parent"src="@ /assets/404_images/404.png"alt="404">
<img class="pic-404__child left"src="@ /assets/404_images/404_cloud.png"alt="
404">
<img class="pic-404__child mid"src="@ /assets/404_images/404_cloud.png"alt="
404">
<img class="pic-404__child right"src="@ /assets/404_images/404_cloud.png"alt="
404">
</div>
<div class="bullshit">
<div class="bullshit__oops">页面不存在! </div>
<div class="bullshit__info">All rights reserved
<a style="color:#20a0ff"href="http://johnnynie.github.io"target="_blank">John-
nynie</a>
</div>
<div class="bullshit__headline">{{message}}</div>
<div class="bullshit__info">请确认地址是否正确,或者点击下面链接回到首页</div>
<router-link to="/"class="bullshit__return-home">回到首页</router-link>
</div>
</div>
</div>
</template>

<script>
export default{
    name:'Page404',
    computed:{
        message(){
            return'该页面不存在...'
        }
    }
}
</script>

<style lang="less"scoped>
.wscn-http404-container{
```

```
    transform:translate(-50% ,-50% );
    position:absolute;
    top:40% ;
    left:50% ;
}
.wscn-http404{
    position:relative;
    width:1200px;
    padding:0 50px;
    overflow:hidden;
    .pic-404{
        position:relative;
        float:left;
        width:600px;
        overflow:hidden;
        &__parent{
            width:100% ;
        }
        &__child{
            position:absolute;
            &.left{
                width:80px;
                top:17px;
                left:220px;
                opacity:0;
                animation-name:cloudLeft;
                animation-duration:2s;
                animation-timing-function:linear;
                animation-fill-mode:forwards;
                animation-delay:1s;
            }
            &.mid{
                width:46px;
                top:10px;
                left:420px;
                opacity:0;
                animation-name:cloudMid;
                animation-duration:2s;
                animation-timing-function:linear;
                animation-fill-mode:forwards;
                animation-delay:1.2s;
            }
            &.right{
                width:62px;
                top:100px;
                left:500px;
```

```
        opacity:0;
        animation-name:cloudRight;
        animation-duration:2s;
        animation-timing-function:linear;
        animation-fill-mode:forwards;
        animation-delay:1s;
    }
    @ keyframes cloudLeft{
        0% {
            top:17px;
            left:220px;
            opacity:0;
        }
        20% {
            top:33px;
            left:188px;
            opacity:1;
        }
        80% {
            top:81px;
            left:92px;
            opacity:1;
        }
        100% {
            top:97px;
            left:60px;
            opacity:0;
        }
    }
    @ keyframes cloudMid{
        0% {
            top:10px;
            left:420px;
            opacity:0;
        }
        20% {
            top:40px;
            left:360px;
            opacity:1;
        }
        70% {
            top:130px;
            left:180px;
            opacity:1;
        }
```

```
            100% {
                top:160px;
                left:120px;
                opacity:0;
            }
        }
        @ keyframes cloudRight{
            0% {
                top:100px;
                left:500px;
                opacity:0;
            }
            20% {
                top:120px;
                left:460px;
                opacity:1;
            }
            80% {
                top:180px;
                left:340px;
                opacity:1;
            }
            100% {
                top:200px;
                left:300px;
                opacity:0;
            }
        }
    }
}
.bullshit{
    position:relative;
    float:left;
    width:300px;
    padding:30px 0;
    overflow:hidden;
    &__oops{
        font-size:32px;
        font-weight:bold;
        line-height:40px;
        color:#1482f0;
        opacity:0;
        margin-bottom:20px;
        animation-name:slideUp;
        animation-duration:0.5s;
```

```
        animation-fill-mode:forwards;
    }
    &__headline{
        font-size:20px;
        line-height:24px;
        color:#222;
        font-weight:bold;
        opacity:0;
        margin-bottom:10px;
        animation-name:slideUp;
        animation-duration:0.5s;
        animation-delay:0.1s;
        animation-fill-mode:forwards;
    }
    &__info{
        font-size:13px;
        line-height:21px;
        color:grey;
        opacity:0;
        margin-bottom:30px;
        animation-name:slideUp;
        animation-duration:0.5s;
        animation-delay:0.2s;
        animation-fill-mode:forwards;
    }
    &__return-home{
        display:block;
        float:left;
        width:110px;
        height:36px;
        background:#1482f0;
        border-radius:100px;
        text-align:center;
        color:#ffffff;
        opacity:0;
        font-size:14px;
        line-height:36px;
        cursor:pointer;
        animation-name:slideUp;
        animation-duration:0.5s;
        animation-delay:0.3s;
        animation-fill-mode:forwards;
    }
    @ keyframes slideUp{
        0% {
```

```
            transform:translateY(60px);
        opacity:0;
        }
        100% {
            transform:translateY(0);
            opacity:1;
        }
      }
    }
}
</style>
```

(12)在 src/views 中添加 Home. Vue。

```
<template>
<div class="home">
<img alt="Vue logo"src="../assets/logo.png">
</div>
</template>
<script>
// @  is an alias to /src
export default{
    name:'Home',
    components:{
    }
}
</script>
```

(13)在 src/views 中添加 Layout. Vue。

```
<template>
<div>
<Menu/>
<router-view/>
</div>
</template>

<script>
import Menu from'@ /components/Menu.Vue'
export default{
    name:'Layout',
    components:{
        Menu
    }
}
</script>
```

(14)在 src/views 中添加 Project. Vue。

```
<template>
<div>
<h5>项目详情标题</h5>
<div>项目 ID:{{projectId}}</div>
</div>
</template>
<script>
export default{
    name:'Project',
        props:{
        projectId:[Number,String]
    },
    beforeRouteEnter (to,from,next){
        // 在渲染该组件的对应路由被 confirm 前调用
        // 不! 能! 获取组件实例'this'
        // 因为当守卫执行前,组件实例还没被创建
        console.log("组件内的 beforeRouteEnter");
        next(vm=>{
            // 通过'vm'访问 Vue 实例,这里的 vm 相当于 this
            console.log(vm);
        })
    },
    beforeRouteUpdate (to,from,next){
        console.log("组件内的 beforeRouteUpdate");
        console.log(this);
        next();
        // 在当前路由改变,但是该组件被复用时调用
        // 举例来说,对于一个带有动态参数的路径/foo/:id,在/foo/1 和/foo/2 之间跳转的时候,
        // 由于会渲染同样的 Foo 组件,因此组件实例会被复用。而这个钩子就会在这个情况下被调用。
        // 可以访问组件实例'this'
    },
    beforeRouteLeave (to,from,next){
        console.log("组件内的 beforeRouteLeave");
        console.log(this);
        next();
        // 导航离开该组件的对应路由时调用
        // 可以访问组件实例'this'
    },
    methods:{

    }
}
</script>
```

(15)在 src/views 中添加 ProjectList. Vue。

```
<template>
<div>
<h2>
{{listTitle}}
</h2>
<div>
<project-left class="left"/>
<div class="right">
<router-view/>
<router-view name="detail"/>
</div>
</div>
</div>
</template>
<script>
import ProjectLeft from'@ /components/ProjectLeft.Vue'
export default{
    name:'ProjectList',
    props:{
        listTitle:String
    },
    data(){
        return{
        }
    },
    components:{
        ProjectLeft
    }
}
</script>
<style lang="less"scoped>
.left{
    float:left;
    width:40%;
    text-align:right;
}
.right{
    float:right;
    width:50%;
    text-align:left;
}
</style>
```

(16)在 src/views 中添加 ProjectList2. vue。

```
<template>
```

```
<div>
<h2>
{{listTitle}}
</h2>
<div>
<project-left class="left"/>
<div class="right">
<router-view/>
<router-view name="detail"/>
</div>
</div>
</div>
</template>
<script>
import ProjectLeft from'@/components/ProjectLeft2.vue'
export default{
    name:'ProjectList2',
    props:{
        listTitle:String
    },
    data(){
        return{
        }
    },
    components:{
        ProjectLeft
    }
}
</script>
<style lang="less"scoped>
.left{
    float:left;
    width:40%;
    text-align:right;
}
.right{
    float:right;
    width:50%;
    text-align:left;
}
</style>
```

(17)安装依赖组件 vuex 和 less-loader。

```
npm install -g vuex
npm install -s less
npm install -sless-loader@5.0.0
```

(18)启动客户端 npm run serve。

6.2 动态路由

所谓动态路由就是根据路径不同，显示内容不同。就像图片路径：image/1，其中变化的就是这个“1”，根据这个数字的变化会展示不同的图片。也就是需要把某种模式匹配到的所有路由，全都映射到同一个组件。

例如，现在有一个 User 组件，对于所有 ID 互不相同的用户，都要使用这个组件来渲染。那么，可以在 vue-router 的路由路径中使用“动态路径参数”(dynamic segment)来达到这个效果：

```
const User={
    template:'<div>User</div>'}
const router=new VueRouter({
    routes:[
        // 动态路径参数 以冒号开头
        {path:'/user/:id',component:User}
    ]
})
```

现在呢，像 /user/foo 和/user/bar 都将映射到相同的路由。

一个“路径参数”使用冒号：标记。当匹配到一个路由时，参数值会被设置到 this.$route.params，可以在每个组件内使用。于是，可以更新 User 的模板，输出当前用户的 ID：

```
const User={
    template:'<div>User{{ $route.params.id}}</div>'
}
```

可以在一个路由中设置多段“路径参数”，对应的值都会设置到 $route.params 中，匹配示例见表 6-1。

表 6-1　路径参数匹配示例表

模式	匹配路径	$route.params
/user/：username	/user/evan	{username：'evan'}
/user/：username/post/：post_ id	/user/evan/post/123	{username：'evan'，post_ id：'123'}

除了 $route.params 外，$route 对象还提供了其他有用的信息，例如，$route.query(如果 URL 中有查询参数)、$route.Hash 等。

6.2.1　响应路由参数的变化

当使用路由参数时，例如从/user/foo 导航到/user/bar，原来的组件实例会被复用。因为两个路由都渲染同一个组件，比起销毁再创建，复用则显得更加高效。不过，这也意味着组件的生命周期钩子不会再被调用。

复用组件时，想对路由参数的变化作出响应的话，可以简单地 watch(监测变化) $route 对象：

```
const User={
    template:'...',
    watch:{
        $route(to,from){
```

```
            // 对路由变化作出响应...
        }
    }
}
```

或者使用 beforeRouteUpdate 导航守卫：

```
const User={
    template:'...',
    beforeRouteUpdate(to,from,next){
        // react to route changes...
        // don't forget to call next()
    }
}
```

6.2.2 捕获所有路由

常规参数只会匹配被/分隔的 URL 片段中的字符。如果想匹配任意路径，可以使用通配符（＊）：

```
{
    // 会匹配所有路径
    path:'*'}{
    // 会匹配以'/user-'开头的任意路径
    path:'/user-*'}
```

当使用通配符路由时，请确保路由的顺序是正确的，也就是说含有通配符的路由应该放在最后。路由{path：'＊'}通常用于客户端 404 错误。如果你使用了 History 模式，请确保正确配置你的服务器。

当使用一个通配符时，$ route. params 内会自动添加一个名为 pathMatch 参数。它包含了 URL 通过通配符被匹配的部分：

```
// 给出一个路由
    {path:'/user - * '} this. $router.push ('/user - admin') this. $route.params.
pathMatch  //'admin'
// 给出一个路由
{path:'*'}this. $router.push('/non-existing')this. $route.params.pathMatch  //'/
non-existing'
```

6.2.3 高级匹配模式

vue-router 使用 path-to-regexp(opens new window)作为路径匹配引擎，所以支持很多高级的匹配模式，例如：可选的动态路径参数、匹配零个或多个、一个或多个，甚至是自定义正则匹配。

【实例 6-3】

```
import Vue from'vue'
import VueRouter from'vue-router'
Vue.use(VueRouter)
```

```
const router=new VueRouter({
    mode:'history',
    base:__dirname,
    routes:[
        {path:'/'},
        {path:'/params/:foo/:bar'},
        {path:'/optional-params/:foo?'},
        {path:'/params-with-regex/:id(\\d+)'},
        {path:'/asterisk/*'},
        {path:'/optional-group/(foo/)?bar'}
    ]
})
new Vue({
    router,
    template:'
    <div id="app">
    <h1>Route Matching</h1>
    <ul>
    <li><router-link to="/">/</router-link></li>
    <li><router-link to="/params/foo/bar">/params/foo/bar</router-link></li>
    <li><router-link to="/optional-params">/optional-params</router-link></li>
    <li><router-link to="/optional-params/foo">/optional-params/foo</router-
link></li>
    <li><router-link to="/params-with-regex/123">/params-with-regex/123</
router-link></li>
    <li><router-link to="/params-with-regex/abc">/params-with-regex/abc</
router-link></li>
    <li><router-link to="/asterisk/foo">/asterisk/foo</router-link></li>
    <li><router-link to="/asterisk/foo/bar">/asterisk/foo/bar</router-link></li>
    <li><router-link to="/optional-group/bar">/optional-group/bar</router-link>
</li>
    <li><router-link to="/optional-group/foo/bar">/optional-group/foo/bar</
router-link></li>
    </ul>
    <p>Route context</p>
    <pre>{{JSON.stringify($route,null,2)}}</pre>
    </div>
}).$mount('#app')
```

有时候，同一个路径可以匹配多个路由，此时，匹配的优先级就按照路由的定义顺序：路由定义得越早，优先级就越高。

6.3 嵌套路由

实际生活中的应用界面，通常由多层嵌套的组件组合而成。同样地，URL 中各段动态路径也按某种结构对应嵌套的各层组件，如图 6-4 所示。

```
/user/foo/profile                     /user/foo/posts
+------------------+                  +------------------+
| User             |                  | User             |
| +--------------+ |                  | +--------------+ |
| | Profile      | |  +------------>  | | Posts        | |
| |              | |                  | |              | |
| +--------------+ |                  | +--------------+ |
+------------------+                  +------------------+
```

图 6-4　嵌套路由效果图

借助 vue-router，使用嵌套路由配置，就可以很简单地表达这种关系。

接着上节创建的 app：

```
<div id="app">
<router-view></router-view></div>
const User={
    template:'<div>User{{ $route.params.id}}</div>'}
const router=new VueRouter({
    routes:[{path:'/user/:id',component:User}]})
```

这里的<router-view>是最顶层的出口，渲染最高级路由匹配到的组件。同样地，一个被渲染组件同样可以包含自己的嵌套<router-view>。例如，在 User 组件的模板添加一个<router-view>：

```
const User={
    template:'
        <div class="user">
        <h2>User{{ $route.params.id}}</h2>
        <router-view></router-view>
        </div>
'}
```

要在嵌套的出口中渲染组件，需要在 VueRouter 的参数中使用 children 配置：

```
const router=new VueRouter({
    routes:[
        {
            path:'/user/:id',
            component:User,
            children:[
                {
                    // 当/user/:id/profile 匹配成功，
                    // UserProfile 会被渲染在 User 的<router-view>中
                    path:'profile',
                    component:UserProfile
                },
                {
```

```
                // 当/user/:id/posts 匹配成功
                // UserPosts 会被渲染在 User 的<router-view>中
                path:'posts',
                component:UserPosts
            }
        ]
    }
]})
```

要注意，以/开头的嵌套路径会被当作根路径。这让开发人员可以充分地使用嵌套组件而无须设置嵌套的路径。

还会发现，children 配置就是像 routes 配置一样的路由配置数组，所以可以嵌套多层路由。

此时，基于上面的配置，当访问/user/foo 时，User 的出口是不会渲染任何东西的，这是因为没有匹配到合适的子路由。如果想要渲染点什么，可以提供一个空的子路由：

```
const router=new VueRouter({
  routes:[
    {
      path:'/user/:id',
      component:User,
      children:[
        // 当 /user/:id 匹配成功,
        // UserHome 会被渲染在 User 的<router-view>中
        {path:'',component:UserHome}

        //...其他子路由
      ]
    }
  ]})
```

6.4 命名路由

有时候，通过一个名称来标识一个路由会显得更方便一些，特别是在链接一个路由，或者是执行一些跳转的时候。可以在创建 VueRouter 实例的时候，在 routes 配置中给某个路由设置名称。

```
const router=new VueRouter({
  routes:[
    {
      path:'/user/:userId',
      name:'user',
      component:User
    }
  ]})
```

要链接到一个命名路由，可以给<router-link>的 to 属性传一个对象：

```
<router-link:to="{name:'user',params:{userId:123}}">User</router-link>
```

这跟代码调用 router. push( )是一回事：

```
router.push({name:'user',params:{userId:123}})
```

这两种方式都会把路由导航到/user/123 路径。

下面通过【实例 6-4】演示命名路由。

【实例 6-4】命名路由示例。

```
import Vue from'vue'
import VueRouter from'vue-router'
Vue.use(VueRouter)
const Home={template:'<div>This is Home</div>'}
const Foo={template:'<div>This is Foo</div>'}
const Bar={template:'<div>This is Bar{{$route.params.id}}</div>'}
const router=new VueRouter({
    mode:'history',
    base:__dirname,
    routes:[
        {path:'/',name:'home',component:Home},
        {path:'/foo',name:'foo',component:Foo},
        {path:'/bar/:id',name:'bar',component:Bar}
    ]
})
new Vue({
    router,
    template:'
        <div id="app">
        <h1>Named Routes</h1>
        <p>Current route name:{{$route.name}}</p>
        <ul>
        <li><router-link:to="{name:'home'}">home</router-link></li>
        <li><router-link:to="{name:'foo'}">foo</router-link></li>
        <li><router-link:to="{name:'bar',params:{id:123}}">bar</router-link></li>
        </ul>
        <router-view class="view"></router-view>
        </div>
    '
}).$mount('#app')
```

6.5 路由导航案例

【实例 6-5】完成如图 6-5 所示的页面导航。

实现代码：index. html

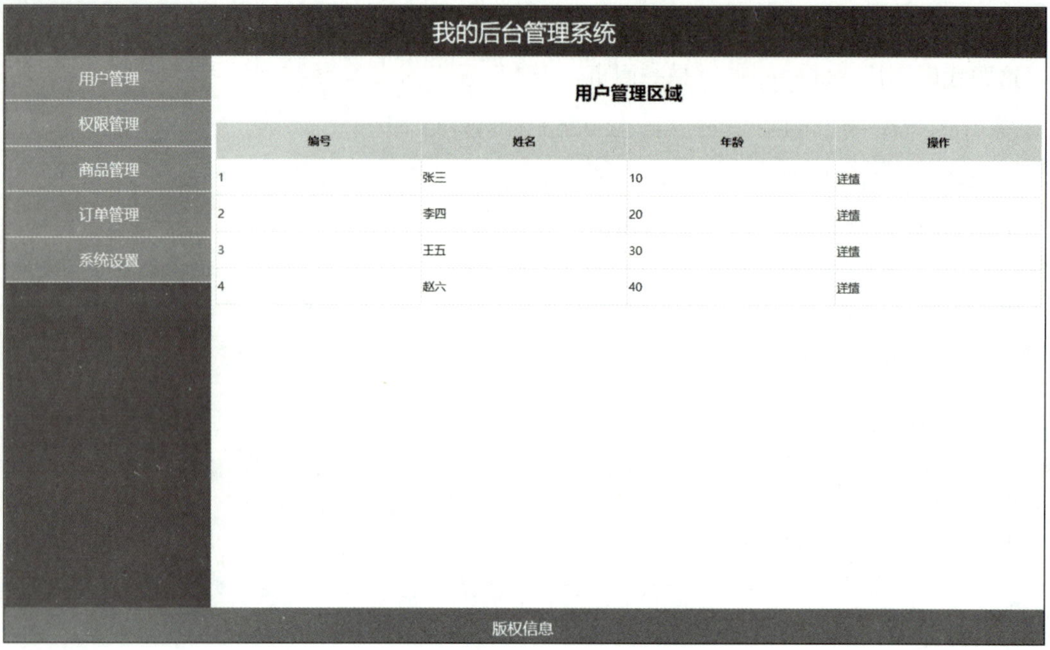

图 6-5　我的后台管理系统效果图

```
<html>
<head>
<meta charset="UTF-8"/>
<title>基于 vue-router 的实例案例</title>
<style type="text/css">
html,
body,
#app{
    margin:0;
    padding:0px;
    height:100% ;
}
.header{
    height:50px;
    background-color:#545c64;
    line-height:50px;
    text-align:center;
    font-size:24px;
    color:#fff;
}
.footer{
    height:40px;
    line-height:40px;
    background-color:#888;
    position:absolute;
```

```
    bottom:0;
    width:100% ;
    text-align:center;
    color:#fff;
}
.main{
    display:flex;
    position:absolute;
    top:50px;
    bottom:40px;
    width:100% ;
}
.content{
    flex:1;
    text-align:center;
    height:100% ;
}
.left{
    flex:0 0 20% ;
    background-color:#545c64;
}
.left a{
    color:white;
    text-decoration:none;
}
.right{
    margin:5px;
}
.btns{
    width:100% ;
    height:35px;
    line-height:35px;
    background-color:#f5f5f5;
    text-align:left;
    padding-left:10px;
    box-sizing:border-box;
}
button{
    height:30px;
    background-color:#ecf5ff;
    border:1px solid lightskyblue;
    font-size:12px;
    padding:0 20px;
}
.main-content{
```

```
    margin-top:10px;
}
ul{
    margin:0;
    padding:0;
    list-style:none;
}
ul li{
    height:45px;
    line-height:45px;
    background-color:#a0a0a0;
    color:#fff;
    cursor:pointer;
    border-bottom:1px solid #fff;
}

table{
    width:100% ;
    border-collapse:collapse;
}

td,
th{
    border:1px solid #eee;
    line-height:35px;
    font-size:12px;
}

th{
    background-color:#ddd;
}
</style>
</head>
<body>
<! --引入 Vue 外部---文件-->
<script src=". /vue-2. 4. 0. js"></script>
<script src=". /vue-router. js"></script>
<div id="app">
<! --路由占位符-->
<router-view></router-view>
</div>
<script>
// 定于 App 根组件
var App={
    template:'
```

```
        <div>
        <! -- 头部区域 -->
        <header class="header">我的后台管理系统</header>
        <! -- 中间主体区域 -->
        <div class="main">
        <! -- 左侧菜单栏 -->
        <div class="content left">
        <ul>
        <li><router-link to='/users'>用户管理</router-link></li>
        <li><router-link to='/rights'>权限管理</router-link></li>
        <li><router-link to='/goods'>商品管理</router-link></li>
        <li><router-link to='/orders'>订单管理</router-link></li>
        <li><router-link to='/settings'>系统设置</router-link></li>
        </ul>
        </div>
        <! -- 右侧内容区域 -->
        <div class="content right"><div class="main-content">
        <! -- 添加用户路由 -->
        <router-view/>
        </div></div>
        </div>
        <! -- 尾部区域 -->
        <footer class="footer">版权信息</footer>
        </div>
    '
}
// 左侧菜单对应组件
var Users={
    data(){
        return{
            userlist:[{
                    id:1,
                    name:'张三',
                    age:10
                },{
                    id:2,
                    name:'李四',
                    age:20
                },{
                    id:3,
                    name:'王五',
                    age:30
                },{
                    id:4,
                    name:'赵六',
```

```
                age:40
            }]
        }
    },
    methods:{
        goDetail(id){
            console.log(id);
            this.$router.push('/userinfo/'+id)
        }
    },
    template:'<div>
    <h3>用户管理区域</h3>
    <!-- 数据列表渲染页面 -->
    <table>
    <thead>
    <tr><th>编号</th><th>姓名</th><th>年龄</th><th>操作</th></tr>
    </thead>
    <tbody>
    <tr v-for="item in userlist":key="item.id">
    <td>{{item.id}}</td>
    <td>{{item.name}}</td>
    <td>{{item.age}}</td>
    <td>
    <a href="javascript:;"@click="goDetail(item.id)">详情</a>
    </td>
    </tr>
    </tbody>
    </table>
    </div>'
}

//
var UserInfo={
    props:['id'],
    template:'<div>
        <h5>用户详情页 --- 用户 ID 为:{{id}}</h5>
        <button @click='GoBack'>后退</button>
    </div>',
    methods:{
        GoBack(){
            // 实现后退功能
            this.$router.go(-1)
        }
    }
}
```

```
var Rights={
    template:'<div><h3>权限管理区域</h3></div>'
}
var Goods={
    template:'<div><h3>商品管理区域</h3></div>'
}
var Orders={
    template:'<div><h3>订单管理区域</h3></div>'
}
var Settings={
    template:'<div><h3>系统管理区域</h3></div>'
}
// 创建路由对象
const router=new VueRouter({
    routes:[
        {
            path:'/',
            component:App,
            redirect:'/users',/* 重定向路由 * /
            children:[
                // 添加子路由规则
                {path:'/users',component:Users},
                {path:'/userinfo/:id',component:UserInfo,props:true},
                {path:'/rights',component:Rights},
                {path:'/goods',component:Goods},
                {path:'/orders',component:Orders},
                {path:'/settings',component:Settings}
            ]
        }
    ]
})
// 创建实例 vm 对象
const vm=new Vue({
    el:'#app',
    data:{

    },
    // 在 es6 中 router:router 的方式可以写成 router 的形式
    router
})
</script>
</body>
</html>
```

6.6 本章总结

本章主要讲述了 Vue. js 路由插件 vue-router 的使用方法，从路由的概念到前、后端路由的区别，让读者知道了前端路由对前端开发的重要性。同时介绍了前端路由实现的两种方式：Hash 路由和 History API 路由。vue-router 插件能让开发人员快速处理前端路由需要解决的问题。

本章习题

一、简答题

1. VueRouter 是什么？其作用有哪些？
2. 什么是前端路由？什么是动态路由？
3. VueRouter 有哪些传参方式？
4. VueRouter 有哪几种导航钩子？

二、选择题

1. 关于 VueRouter 导航守卫，下列说法错误的是(　　)。

A. 导航守卫有三种：全局守卫、路由独享守卫、组件内守卫

B. 每一个导航守卫钩子函数都接受三个参数：to、from、next

C. 当切换动态路由时，会触发 beforeRouteUpdate 钩子函数

D. beforeEach 可以在跳转前进行拦截

2. (多选)关于 VueRouter，下列说法错误的有(　　)。

A. $route 是 VueRouter 的实例

B. $router 为当前跳转对象

C. 路由有两种模式：Hash 模式、History 模式

D. 除了通过<router-link></router-link>进行跳转外，还可以使用编程式导航进行页面跳转

拓展实训

如图 6-6 所示的页面，包含登录和注册，点击不同按钮，实现登录和注册页切换，请编码实现。

图 6-6　拓展实训效果图

第 7 章　Vuex 状态管理

Vuex 是一个专为 Vue. js 应用程序开发的状态管理模式，它采用集中式存储管理应用的所有组件的状态，并以相应的规则保证状态以一种可预测的方式发生变化。组件状态指组件中数据、功能等信息，Vuex 提供了操作组件状态的 Mutations 和 actions。

本章的学习重点

- Vuex 状态管理模式
- Mutations
- Actions
- 购物车

引导案例

在前面的章节已经学习过组件以及组件之间的通信，如果有多个组件需要修改同一数据，同时这个数据又要在多个组件上同时显示，利用组件间的通信来完成是非常麻烦且难以维护的，Vue. js 引入 Vuex 状态管理的库用来管理全局的组件状态，使用 Vuex 来统一管理这些组件的状态，会让逻辑更清晰，更可维护。如图 7-1 所示电商网站的购物车页面，通过本章的学习使用 Vuex 实现购物车。

我的购物车　温馨提示：产品是否购买成功，以最终下单为准哦，请尽快结算　　我的订单

全选	商品名称	单价	数量	小计	操作
☑	小米 Redmi 红米 Note 10 Pro【官方标配,月魄, 6+128GB】	1699元	1	1699 元	☒
☐	Xiaomi/小米 红米9A【官方标配,砂石黑,2+32GB】	549元	1	549 元	☒

继续购物　共 2 件商品，已选择 1 件　合计 1699.00 元　去结算

图 7-1　购物车效果图

"购物车"是在线商城中的基本功能之一，本章通过 Vuex 管理购物车各组件的状态，完成以下功能：

- 将选中商品添加到购物车
- 在购物车页面删除选中商品
- 计算购物车选中商品的金额
- 统计选中商品的数量
- 修改加购商品的数量
- 实现购物车全选/取消的功能

7.1 初识 Vuex

Vuex 是一个专为 Vue. js 应用程序开发的状态管理模式。Vuex 是 Vue 团队提供的一套组件状态管理维护的解决方案。Vuex 作为 Vue. js 插件来使用，进一步完善了 Vue. js 基础代码功能。可以通过以下两种方式下载和安装 Vuex 核心代码。

(1) 从官网下载，并使用<script>标签引入 vuex. js 文件。

(2) 通过 npm 平台，执行 npm install vuex. js --save 命令安装。

首先通过解读一个简单的实例了解 Vuex 状态管理。

【实例 7-1】请使用 Vuex 管理购物车中商品数量，实现一个简单计数器功能。效果如图 7-2 所示。

图 7-2　购物车商品数量增减运行效果

实现过程：

(1) 使用<script>引入 Vue. js 和 vuex. js。

(2) 通过 Vuex 中的 state、mutations 等配置选项实现简单计数器功能。

(3) 定义"+"按钮，绑定单击事件 add，定义"-"按钮，绑定单击事件 sub。

(4) 在 state 中定义初始数据 count 的值为 0。

(5) 在 mutations 中定义 add 函数用来让 count 自增，定义 sub 函数用来让 count 自减。

(6) 页面中使用<span>显示 store 中的数据。参考代码如下所示。

```
<! DOCTYPE html>
<html lang="en">
<head>
<meta charset="UTF-8">
<title>demo7-1</title>
<script src="vue. js"></script>
<script src="vuex. js"></script>
</head>
<body>
<div id="app">
<button @ click="add">+</button>
```

```
<! --将 state 中的 count 值插入到 span 元素中-->
<span>{{this. $store. state. count}}</span>
<button @ click="sub">-</button>
</div>
</body>
</html>
<script>
//创建实例对象 store
var store=new Vuex.Store({
    state:{
        count:0
    },
    //修改 count 的值
    mutations:{
        add(state){
            state. count++
        },
        sub(state){
            state. count--
        }
    }
})
var vm=new Vue({
    el:'#app',
    store,//挂载 vm 实例
    methods:{
        add(){
            this. $store. commit('add')
        },
        sub(){
            this. $store. commit('sub')
        }
    }
})
</script>
```

在实例 7-1 中，定义一个仓库 store，其中 count 是作为 Vuex 进行 state 管理的数据，它的值可以由 mutations 中定义的方法进行修改，并委托 vue 实例对象 vm 使用 this. $ store. commit ('add')语句完成共享管理。

Vuex 是一个专为 Vue. js 应用程序开发的状态管理模式，Vuex 也是集成到 Vue 的官方调试工具 devtools extension(opens new window)。Vuex 的使用如图 7-3 所示。

图 7-3 Vuex 的使用

安装 Vuex 有以下方式。

(1)直接下载/CDN 引用。

https: //unpkg. com/vuex(opens new window)。

Unpkg. com(opens new window)提供了基于 NPM 的 CDN 链接。以上的链接会一直指向 NPM 上发布的最新版本。您也可以通过 https: //unpkg. com/vuex@ 2.0.0 这样的方式指定特定的版本。

在 Vue. js 之后引入 Vuex 会进行自动安装:

```
<script src="/path/to/Vue. js"></script>
<script src="/path/to/vuex. js"></script>
```

(2)NPM。

```
npm install vuex - save
```

(3)Yarm。

```
yam add
```

(4)在一个模块化的打包系统中，例如使用 vue-cli 框架则必须显式地通过 Vue. use( )来安装 Vuex:

```
import Vue from' vue'
import Vuex from' vuex'

Vue. use(Vuex)
```

当使用全局 script 标签引用 Vuex 时，不需要以上安装过程。

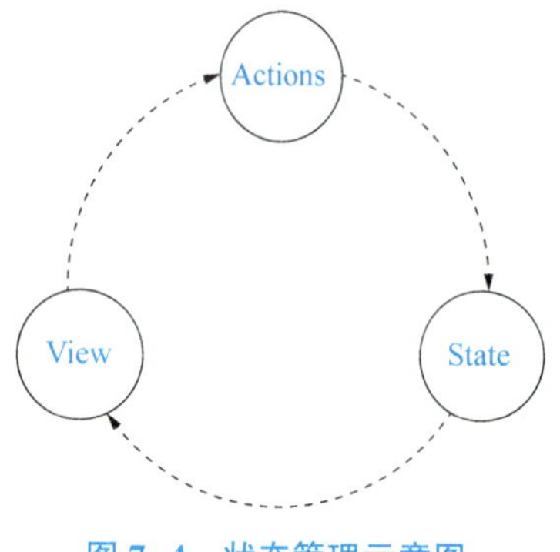

图 7-4　状态管理示意图

在 Vue. js 中，组件的状态变化通过 Vue 的单向数据流实现。它增强了组件之间的独立性，但是存在多个组件共享状态的时候，单向数据流状态就会被破坏。为了数据维护更加方便，需要将组件共享状态抽离出来，用全局单例模式来管理。在这种模式下，任何组件都能获取状态或者触发行为，这就是所谓的 Vuex 数据状态管理。

结合实例 7-1，分析如图 7-4 所示 Vuex 的状态管理应用包含以下几个部分。

(1)State，驱动应用的数据源，counter 需要某种方式被记录下来，也就是 Vuex 的 State。

(2)View，以声明方式将 state 映射到视图，counter 目前的值需要被显示在界面中，也就是 Vuex 的 View 部分。

(3)Actions，响应在 View 上的用户输入导致的状态变化，界面发生某些操作时(这里是用户的点击)，需要去更新状态，也就是 Vuex 的 Actions。

7.2 Vuex 基本用法

Vuex 已经做好了单个界面的状态管理，但是如果是多个界面呢？当多个视图都依赖同一个状态(一个状态改了，多个界面需要进行更新)，不同界面的 Actions 都想修改同一个状态

时，Vuex 就是提供全局单例模式(大管家)工具。

现在要做的就是将共享的状态抽取出来，交给 Vue. js 的大管家，统一进行管理。之后每个视图，按照 Vuex 制定好的规则，进行访问和修改等操作。这就是 Vuex 的基本思想。图 7-5 描述了 Vuex 状态管理的各组成部分。

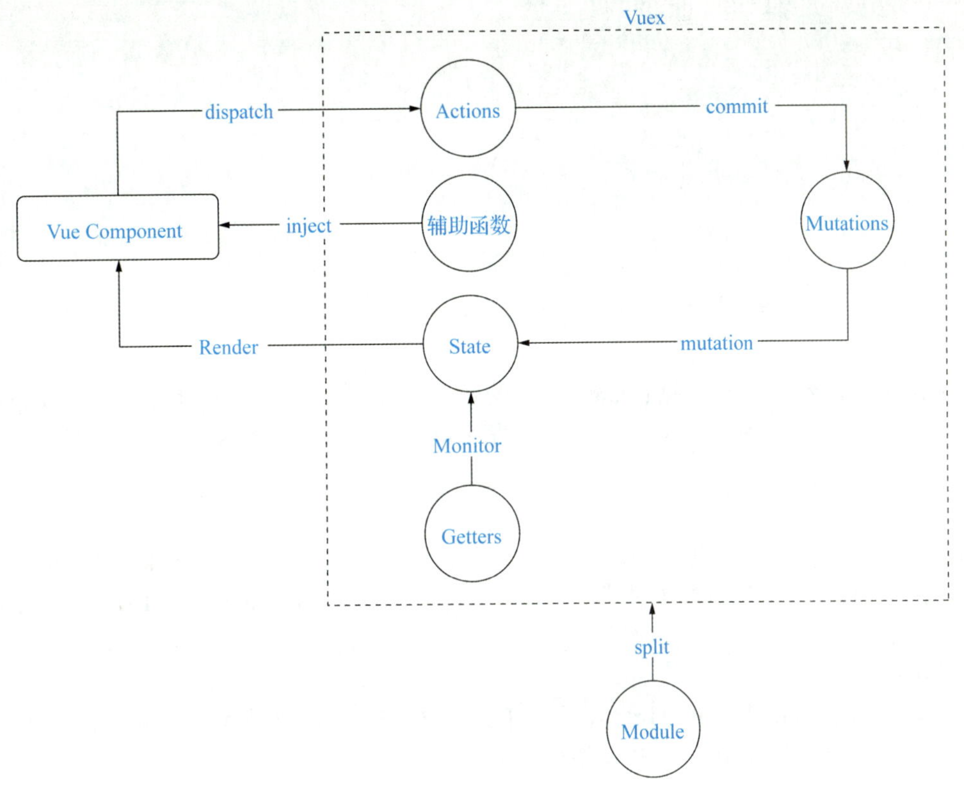

图 7-5　Vuex 状态管理

Vuex 有以下五个部分构成。

1. state

State 中存储的基本数据。Vuex 中的状态储存在 state 中，改变 Vuex 中状态的唯一途径就是显式地提交（commit）mutation。

2. module

Module 是模块化 Vuex，可以让每一个模块拥有自己的 state、mutations、actions、getters，使得结构非常清晰，以下是 module 模块的常见结构。

```
const moduleA={
    state:{...},
    mutations:{...},
    actions:{...},
    getters:{...}
}

const moduleB={
    state:{...},
```

```
    mutations:{...},
    actions:{...}
}

const store=new Vuex.Store({
    modules:{
        a:moduleA,
        b:moduleB
    }
})

store.state.a // ->moduleA 的状态
store.state.b // ->moduleB 的状态
```

3. getters

getters 中存放着从基本数据(state)派生的数据，相当于组件中的计算属性(computed)。同时 getters 中的值都是响应式的，state 一旦发生改变，getters 中的值马上就能检测到，然后对应就会更新状态。

4. mutations

Mutations 以同步的方式提交更改数据，使用 store. commit 方法更改 state 存储的状态。每个 mutations 都有一个字符串的事件类型(type)和 一个回调函数(handler)。回调函数就是实际进行状态更改的地方，并且它会接受 state 作为第一个参数，提交载荷作为第二个参数。

5. actions

actions 和 mutations 的功能大致相同，不同之处在于 actions 提交的是 mutations，而不是直接变更状态。另外，Actions 可以包含任意异步操作。

下面通过渲染商品列表案例来演示 Vuex 各部分的使用。

【实例 7-2】请利用 vue-cli 框架，使用 Vuex 对商品信息进行管理，完成小米商城商品列表渲染。

(1)使用 vue-cli 创建一个项目，并创建 \ src \ api \ shop. js 文件，这是模拟从服务器获取数据，其中利用 setTimeout()实现异步操作，第二个参数 100 用来模拟网络延迟 100ms 的情况。

```
const data=[
    {
        id:1,
        img:require("@ /assets/img/phone1.webp"),
        name:"小米 Redmi 红米 Note 10 Pro",
        desc:"官方标配,月魄,6+128GB",
        price:155,
        stock:12,
    },
    {
        id:2,
        img:require("@ /assets/img/phone2.webp"),
```

```
        name:"小米 Redmi 红米 10X 4G",
        desc:"官方标配,幻青,8+128GB",
        price:155,
        stock:2,
    },
    {
        id:3,
        img:require("@ /assets/img/phone3.webp"),
        name:"红米 Note9 5G 手机",
        desc:"官方标配,星纱,8+256GB",
        price:155,
        stock:1,
    }
]

export default{
    getGoodsList(callback){
        setTimeout(()=>callback(data),100)
    }
}
```

(2)添加\ src \ store \ modules \ goods. js 文件，它定义了商品列表数据，本实例将使用 Vuex 对商品列表 goodslist 进行状态管理。

```
import shop from'../../api/shop'

const state={
    goodslist:[]
}

const getters={}

// 获取商品列表数据
const actions={
    getList ({commit}){
        shop.getGoodsList(data=>{
            commit('setList',data)
        })
    }
}
// 将商品列表保存到 state 中
const mutations={
    setList (state,data){
        state.goodslist=data
    }
```

```
}

export default{
    namespaced:true,
    state,
    getters,
    actions,
    mutations
}
```

上述代码中，mutations 中定义的 setList( )方法将商品数据 data 保存到 goodslist 中。在 action 中定义了 getList( )方法获取商品数据，然后通过 commit('setList'，data)调用 setList( )方法。所以，actions 可以认为是将 mutations 进行了一个包装，使它的方法可以在 vue 中被异步调用。

(3)创建\src\store\index. js 文件，加载 modules 目录下的模块，放入到 Vuex. store( )的 modules 配置选项中。

```
import Vue from'vue'
import Vuex from'vuex'
import goods from'./modules/goods'
//其他导入

Vue.use(Vuex)

export default new Vuex.Store({
    modules:{
        goods,
        //其他模块
    }
})
```

在本章的购物车案例中，可以类似地添加其他模块，并放入到 Vuex. store( )的 modules 配置选项中。

(4)修改\src\main. js，使用 import 导入 store。

```
import store from'./store'
```

导入后，将 store 放入 Vue 实例的配置选项中。

```
new Vue({
    router,
    store,
    render:h=>h(App)
}).$mount('#app')
```

(5)创建\src\components\goodList. Vue 文件，输出商品列表。

```
<template>
<div class="list">
```

```
<div class="item"v-for="goods in goodslist":key="goods.id">
<div class="item-l">
<img class="item-img":src="goods.img">
</div>
<div class="item-r">
<div class="item-title">{{goods.name}}</div>
<div class="item-price">{{goods.price |currency}}</div>
<div class="item-opt">
<button >加入购物车</button>
</div>
</div>
</div>
</div>
</template>

<script>
import{mapState}from'vuex'

export default{
    computed:mapState({
        //将 state 中的商品列表数据作为 goodslist 计算属性
        goodslist:state=>state.goods.goodslist
    }),
    //将商品列表数据异步方式利用 actions 中定义的 getList()从 API 中读取出来,保存到 state 中
    created (){
        this.$store.dispatch('goods/getList')
    },
    //过滤器设置货币格式
    filters:{
        currency (value){
            return'¥'+value
        }
    }
}
</script>

<style>
@ import"~@ /style/lib/shopping.css";
</style>
```

上述代码中，使用 this.$store.dispatch('goods/getList')将商品列表数据从 API 中读取出来，保存到 state 中，Vuex 提供的 mapState 函数把 store 中的 state 绑定到组件中。

(6)创建\src\router\index.js 文件，编写项目路由代码。

```
import Vue from'vue'
```

```
import VueRouter from' vue-router'
import GoodsList from' @ /components/GoodsList'
//其他导入

Vue. use(VueRouter)

const routes=[
    {path:'/',name:'GoodsList',component:GoodsList},
    //其他路由
]

const router=new VueRouter({
    routes
})
export default router
```

(7)修改\src\App. Vue 文件。

```
<template>
<div id="app">
<div class="content">
<router-view />
</div>
</div>
</template>

<script>
export default{name:'App'}
</script>

<style>
</style>
```

运行项目，默认加载商品列表如图 7-6 所示。

实例 7-2 是 Vuex 的基本用法，对其使用步骤，做一个简单的小结。

(1)提取出一个公共的 store 对象，用于保存在多个组件中共享的状态。

(2)将 store 对象注入 new Vue 对象中，这样可以保证在所有的组件中都可以使用到。

(3)在其他组件中使用 store 对象中保存的状态即可，如下所示。

①通过 this. $ store. state. 属性的方式来访问状态；

②使用下面这两种方法存储数据。

dispatch：异步操作，写法：this. $ store. dispatch('actions 方法名'，值)。

commit：同步操作，写法：this. $ store. commit('mutations 方法名'，值)。

注意事项：

Vuex 通过提交 mutation 的方式，是因为 Vuex 可以更明确地追踪状态的变化。每一个 Vuex 应用的核心就是 store(仓库)。“store”基本上就是一个容器，它包含着你的应用中大部分的状态(state)。Vuex 和单纯的全局对象有以下两点不同。

(1) Vuex 的状态存储是响应式的。当 Vue 组件从 store 中读取状态的时候，若 store 中的状态发生变化，那么相应的组件也会相应地得到高效更新。

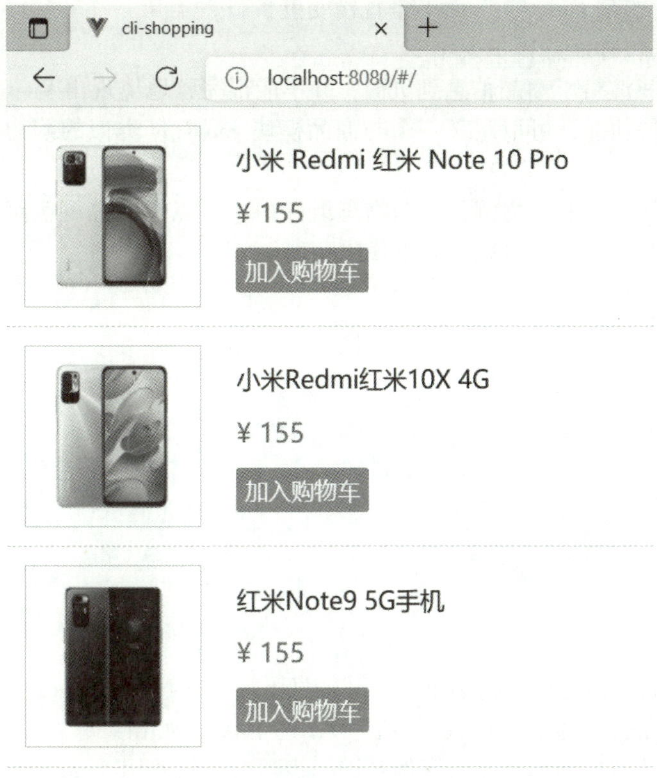

图 7-6　商品列表页面渲染效果

(2) 不能直接改变 store 中的状态。改变 store 中的状态的唯一途径就是显式地提交 (commit) mutation。这样使得 Vuex 可以方便地跟踪每一个状态的变化。

7.3　Vuex 高级用法

Vuex 的状态管理，需要依赖它的状态树，Vuex 使用单一状态树——是的，用一个对象就包含了全部的应用层级状态。至此它便作为一个"唯一数据源 (SSOT)"而存在。这也意味着，每个应用将仅仅包含一个 store 实例。单一状态树让读者能够直接地定位任一特定的状态片段，在调试的过程中也能轻易地取得整个当前应用状态的快照。

简单来说，Vuex 要把读者需要做状态管理的量放到这里来，然后在后面的操作它。有了 state 状态树，读者要改变它的状态(值)，就必须用 vue 指定唯一方法是提交 mutation。Vuex 中的 mutation 非常类似于事件：每个 mutation 都有一个字符串的事件类型 (type) 和一个 回调函数(handler)。action 的作用跟 mutation 的作用是一致的，它提交 mutation，从而改变 state，是改变 state 的一个增强版。

7.3.1　Action 与 mutation

Action 函数接受一个与 store 实例具有相同方法和属性的 context 对象，因此你可以调用

context.commit 提交一个 mutation，或者通过 context.state 和 context.getters 来获取 state 和 getters。

Action 类似于 mutation，不同在于：

(1) Action 提交的是 mutation，而不是直接变更状态。

(2) Action 可以包含任意异步操作。

实例 7-2 仅仅只渲染了商品信息到页面，并不能很完整地体现出 Vuex 的特色。为了完成添加商品到购物车的功能，可以定义一个与商品模块 goods.js 类似的购物车模块 shopcart.js，它们都是 store 管理的状态。

以向购物车添加一个商品为例，在购物车组件中，可以把商品列表组件的商品信息进行修改后添加到购物车列表中，可以由以下代码实现：

```
//未加购则添加一个新的数组元素
state.items.push({
    id:item.id,
    img:item.img,
    name:item.name,
    desc:item.desc,
    price:item.price,
    count:1,
    check:true,
})
```

对比 goodslist 的结构可见，购物车内商品信息添加了 count 和 check 两个属性。默认情况下，添加一个新商品进购物车，则 count 值为 1，选中状态为 true。

下面通过将商品添加到购物车的案例来进一步学习如何使用 Vuex 对购物车组件实现商品信息状态管理。

【实例 7-3】在实例 7-2 的基础上，添加一个购物车组件，实现商品列表页面中添加商品到购物车的功能。

(1) 添加 \ src \ store \ modules \ shopcart.js 文件，它定义了购物车表数据。

```
const state={
    items:[],//购物车内商品列表
    checkAll:false,//全选框
}
//定义计算属性
const getters={
    // 计算总价
    //统计选中数量
}
////购物车异步提交
const actions={


}
//购物车同步定义
const mutations={
```

```
    //将商品加入购物车
    insert(state,item){
    },
    //删除当前的商品
    del(state,id){
    }
}
export default{
    namespaced:true,
    state,
    getters,
    actions,
    mutations
}
```

在上述代码中，state 中定义了两个数据对象：items 是购物车的商品对象数组，checkAll 是全选对象。Items 数组中的对象是在用户单击"加入购物车"按钮后动态产生的，为了符合现实情况，本实例中将 shop. js 中商品的单价进行了保留二位小数。

(2)定义添加商品和删除商品的方法。

```
const mutations={
    //将商品加入购物车
    insert(state,item){
        const v=state.items.find(v=>v.id===item.id)
        //查找是否已经加购
        if (v){
            ++v.count//已经加购则仅修改数量
        }else{
            //未加购则需要添加一个新的数组元素
            state.items.push({
                id:item.id,
                img:item.img,
                name:item.name,
                desc:item.desc,
                price:item.price,
                count:1,
                check:true,
            })
        }
    },
    //删除当前的商品
    del(state,id){
        //遍历购物车列表,找到选中的行
        state.items.forEach((item,index,arr)=>{
            if (item.id===id){
```

```
                arr.splice(index,1)
            }
        })
    },
}
```

Mutations 中定义了两个方法：insert( )是实现从商品列表页添加商品到购物车，del( )是实现在购物车页面删除选中的商品。在 Actions 之中，将 Mutations 中定义的方法使用 commit 实现添加和删除。

```
const actions={
    insert(context,item){
        context.commit('insert',item)
    },
    del(context,id){
        context.commit('del',id)
    }
}
```

乍一眼看上去感觉多此一举，直接分发 mutation 岂不更方便？实际上并非如此，由于 mutation 必须同步执行，而 Action 可以执行异步操作。

(3)修改\src\store\index.js 文件，加载 modules 目录下的模块，放入 Vuex.store( )的 modules 配置选项中。

```
import Vue from'vue'
import Vuex from'vuex'
import goods from'./modules/goods'
import shopcart from'./modules/shopcart'

export default new Vuex.Store({
    modules:{
        goods,
        shopcart,
    }
})
```

(4)修改\src\router\index.js 文件，添加购物车模块导入。

```
import Shopcart from'@/components/Shopcart'
```

添加购物车路由代码：

```
{path:'/shopcart',name:'Shopcart',component:Shopcart},
```

(5)修改\App.Vue，在页面上添加两个 TAB 选项，分别进行商品列表和购物车的切换。

```
<template>
<div id="app">
<div class="bottom">
<router-link to="/"tag="div">商品列表</router-link>
<router-link to="/Shopcart"tag="div">购物车</router-link>
```

```
</div>
<div class="content">
<router-view />
</div>
</div>
</template>

<script>
export default{name:'App'}
</script>

<style>
@ import"~@ /style/lib/index.css";
</style>
```

(6)创建\src\componets\Shopcart.Vue文件，完成购物车页面的渲染效果。

```
<template>
    <div class="shopping-cart">
        <! -- 头部 略 -->

        <! -- 购物车商品 -->
        <template v-if="lists.length">
      <div class="page-main">
        <div class="container-main">
            <div class="item-wrap">
              <div class="item-list">
                <div class="list-head">
                  <div class="item item-check">
                     <input type="checkbox"v-model="checkAll"@ change="checkAll-
change()"/>
                    全选
                  </div>
                  <div class="item item-name">商品名称</div>
                  <div class="item item-price">单价</div>
                  <div class="item item-num">数量</div>
                  <div class="item item-total">小计</div>
                  <div class="item item-action">操作</div>
                </div>

                <div class="goods-body">
                  <div v-for="(item,index)in lists"
                    class="goods-list"
                    :key="index"
                  >
                    <div class="goods-box clearfix">
```

```
<div class="col col-check">
  <input
    type="checkbox"
    v-model="item.check"
    @ change="curChange()"
  />
</div>
<div class="col col-img">
  <a href="javascript:;">
    <img
      v-bind:src="item.img"
      alt=""
      width="80"
      height="80"
    />
  </a>
</div>
<div class="col col-name">
  <h3 class="name">
    <a href="javascript:;"> {{item.name}}</a>
  </h3>
  <a href="javascript:;"style="padding:0"
    >【{{item.desc}}】</a
  >
</div>
<div class="col col-price">
  <span>{{item.price |currency}}</span
  >元
</div>
<div class="col col-num">
  <div class="change-goods-num">
    <a href="javascript:;">
      <i
        class="fa fa-minus-square plus"
        @ click="sub(index)"
      ></i>
    </a>
    <input
      type="text"
      class="goods-num"
      v-bind:placeholder="item.count"
    />
    <a href="javascript:;">
      <i
        class="fa fa-plus-square reduce"
```

```
                          @ click="add(index)"
                        ></i>
                      </a>
                    </div>
                  </div>
                  <div class="col col-total">
                    <span class="total">
                      {{(item.count *  item.price) | currency}}
                    </span>
                    元
                  </div>
                  <div class="col col-action">

      <button @ click="del(item.id)">删除</button>

                  </div>
                </div>
              </div>
            </div>
          </div>
        </div>
      </div>

      <div class="cart-bar">
        <div class="section-left">
          <a href="javascript:;"class="back-shopping">继续购物</a>
          <span class="cart-total">
            共
            <i>{{lists.length}}</i>
            件商品,已选择
            <i>{{checkNumber}}</i>
            件
          </span>
        </div>
        <span class="total-price">
          合计
          <em>{{total |currency}}</em>
          元
          <a href="javascript:;"class="btn-a">去结算</a>
        </span>
      </div>

  </div>
</template>
<template v-else>
```

```
      <div class="item-empty">
        <h1 class="text-center">购物车为空</h1>
      </div>
    </template>
    </div>
</template>
<script>
import{mapState,mapActions}from'vuex'

export default{
    computed:{
        ...mapState({
            lists:state=>state.shopcart.items
        }),

    },
    methods:mapActions('shopcart',['del']),
    filters:{
        currency (value){
            return'¥'+value
        }
    }
}
</script>
<style>
@ import"~@ /style/lib/font_2137770_0u9iiirb2zrg/iconfont.css";
@ import"~@ /style/lib/font-awesome-4.7.0/css/font-awesome.css";
@ import"~@ /style/lib/reset.css";
@ import"~@ /style/lib/bacs.css";
@ import"~@ /style/lib/shopping.css";
    </style>
```

运行项目，可以看到图 7-7 所示购物车为空时的运行效果。

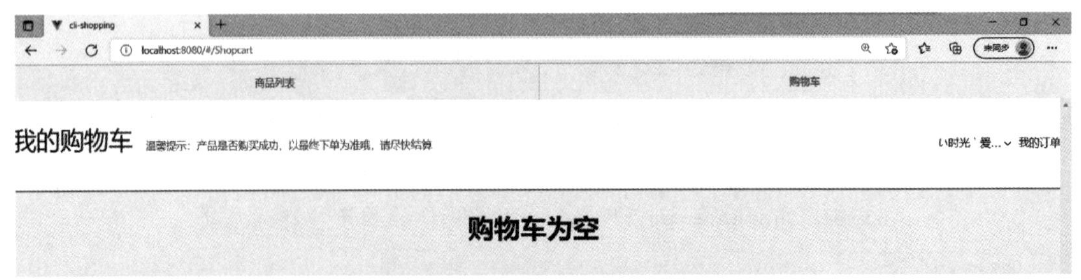

图 7-7　购物车为空时的效果

从商品列表中添加商品，运行效果如图 7-8 所示。通过 shopcart.js 中定义的 insert( ) 方法，可以实现添加商品到购物车的功能，当点击删除按钮时，调用 del( ) 方法，实现商品的移除。

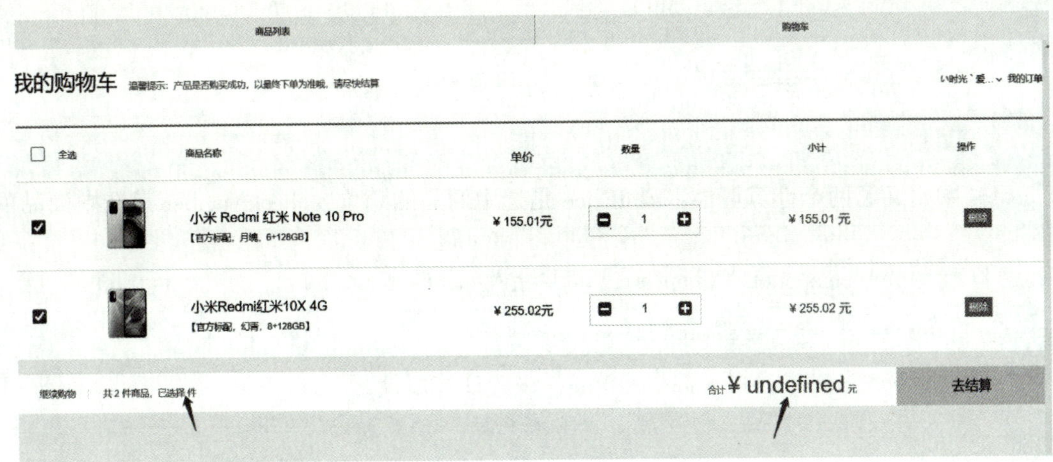

图 7-8 添加商品运行效果

图 7-8 中两处箭头所示的选中商品数量及总价没有正常显示，这是由于购物车模块 shopcart. js没有定义统计数量 checkNumber 和计算总价 total。在实例 7-4 中，可以在 getters 中定义它们的计算属性。

7.3.2 辅助函数

当一个组件需要获取多个状态时，将这些状态都声明为计算属性会有些重复和冗余。为了解决这个问题，可以使用 mapState 辅助函数帮助生成计算属性。

mapMutations 其实跟 mapState 的作用是类似的，将组件中的 methods 映射为 store. commit 调用；mapActions 是 action 的一个辅助函数，将组件的 methods 映射为 store. dispatch 调用；mapGetter 仅仅是将 store 中的 getter 映射到局部计算属性。

【实例 7-4】修改实例 7-3，完成购物车选中数量和总价计算。

(1) 修改 \ src \ store \ modules \ shopcart. js，实现计算属性。

```
const getters={
    // 计算总价
    totalPrice:(state)=>{
        var total=0;
        var selected=state.items.filter((v)=>{
            return v.check==true;
        });
        for (var i=0;i< selected.length;i++){
            total+=parseFloat(selected[i].price)* parseInt(selected[i].count);
        }
        // 返回总价
        return total;
    },
    //统计选中数量
    checkNumber:(state)=>{
        var selected=state.items.filter((v)=>{
            return v.check==true;
```

```
        });
        return selected.length;
    },
}
```

getters 中定义了两个计算属性：totalPrice 是选中商品的总价，checkNumber 是选中商品的数量。

(2)修改 \ src \ componets \ Shopcart. Vue，导入 mapGetters。

```
import{mapGetters,mapState,mapActions}from'vuex'
```

(3)修改 \ src \ componets \ Shopcart. Vue，设置计算属性。

```
computed:{
        ...mapState({
            lists:state=>state.shopcart.items
        }),
        ...mapGetters('shopcart',{total:'totalPrice',checkNumber:'checkNumber'})
    },
```

商品的总价、选中商品数量等计算属性显示在页面上的效果如图 7-9 所示。

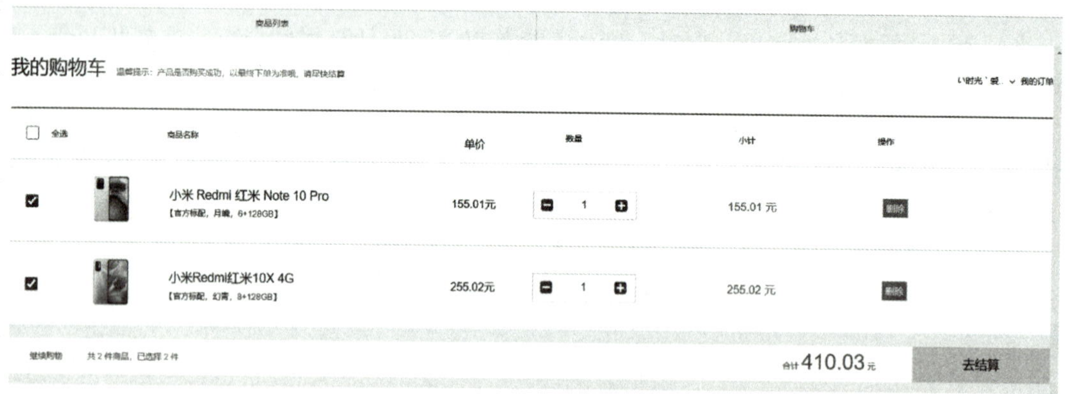

图 7-9　计算属性显示效果图

Vuex 是通过全局注入 store 对象，来实现组件间的状态共享。在大型复杂的项目中(多级组件嵌套)，需要实现一个组件更改某个数据，多个组件自动获取更改后的数据进行业务逻辑处理，这时候使用 Vuex 比较合适。假如只是多个组件间传递数据，使用 Vuex 未免有点大材小用，其实只使用组件间常用的通信方法即可。

7.4 Vuex 实现购物车

在本节的案例中，将使用 Vuex 对原有的购物车组件进行整合修改，使用 vue-cli 脚手架完成它。

结合本章实例，完整的购物车还可能包含以下功能：

(1)全选功能按钮：当全选按钮亮时，代表下面所有单选按钮全部为选中状态；点击一下全选，再点击一下，全部取消；同时下面单选按钮全部选中时，上面全选按钮会自动更新状态为全选，此时再点击全选按钮就会全部取消。

(2)单选按钮：点击一下选中当前这条商品，点击两下取消选中这条商品，当所有单选按钮选中时，上面全选按钮会自动亮(全选状态)，只要当前购物车商品一条未选择，上面全选按钮就不会亮。

(3)减少商品数量按钮：点击减号减少商品的数量，当前数量为 1 时停止。

(4)增加商品数量按钮：点击加号增加商品的数量，当前数量为最大库存时停止。

功能已经分析完毕，接下来思考一下该怎么管理状态以及划分模块。本案例将这个购物车里的状态在 Vuex 中划分为三个模块；用户 user 模块、商品 goods 模块和购物车 shopcart 模块。goods 模块用来存放所有的商品数据列表信息，shopcart 模块放置了购物车内商品的列表信息，user 模块用来存放购物用户的信息。

如图 7-10 所示，用 vue-cli 脚手架搭建一个项目 cli-shopping，将项目涉及的各文件放在相应的目录里。此项目目录结构的说明如下：

①数据 API 目录：src/api/。

②页面显示的商品图片目录：src/assets/img/。

③页面组件目录：src/components/。

④项目路由文件目录：src/router/。

⑤需要使用 Vuex 进行状态管理的库目录：src/store/。

⑥页面样式文件目录：src/style/lib/。

在 src/store/目录下，modules 文件夹放置三个模块 shopcart. js、goods. js、users. js，使用 index. js 文件整合所有模块的内容，每个模块中都存放各自模块的 state、mutations、actions、getters。

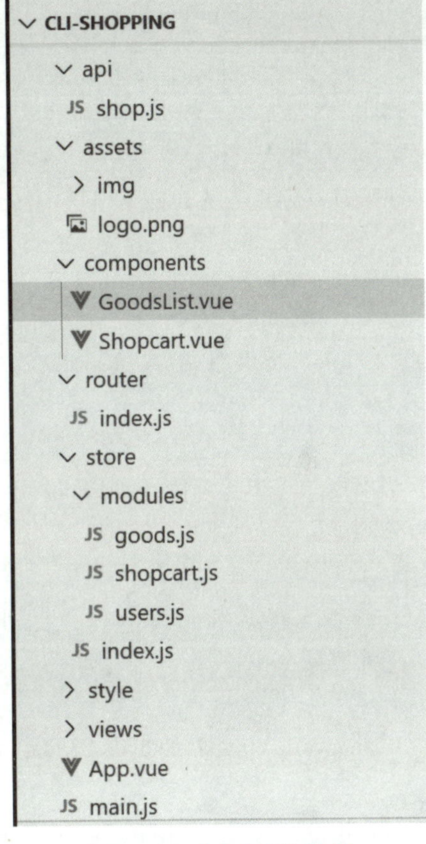

图 7-10 购物车项目结构

模块导出的时候使用了命名空间 namespaced: true，命名空间可以让模块 module 分得更加仔细，每个模块中都存放着 state、getters、mutations、actions；使用了命名空间，在组件中调用 getters、actions 等方法时都需要添加模块名称。例如调用 actions 的时候：

```
methods:mapActions("shopcart",["del","add","sub"])
```

调用 getters 的时候：

```
computed:mapGetters("shopcart",{
    total:"totalPrice",
    checkNumber:"checkNumber",
})
```

【实例 7-5】修改购物车项目，实现全选/取消功能。

购物车页面全选代码如下：

```
<div class="item item-check">
<input type="checkbox"v-model="modelCheckedAll"@ change="checkAllchange()"/>
```

```
全选
</div>
```

当前全选框的值是触发商品行选择框是否全选的条件，因此定义成一个共享数据。

```
//当前全选框的值
data(){
    return{
        modelCheckedAll:this.checkAll,
    };
},
```

this. checkAll 是从购物车模块中转递到计算属性中。

```
computed:{
    ...mapState({
        lists:(state)=>state.shopcart.items,
        checkAll:(state)=>state.shopcart.checkAll,
    }),
},
```

当前面的选中状态传递到 shopcart. js 中，由 mutations 中定义的 changeCheckedAll( ) 方法进行处理。

```
//是否全选
changeCheckedAll(state,bol){
    state.checkAll=bol
},
```

在 shopcart. Vue 的 methods 中 mapMutations 及全选的处理 checkAllchange( )。

```
methods:{
    ...mapMutations("shopcart",{changeCheckedAll:"changeCheckedAll"}),
    // 全选的处理
    checkAllchange(){
        // 触发 vuex 方法修改 state 中的 checkAll 值
        this.changeCheckedAll(this.modelCheckedAll);
        for (var i=0;i< this.lists.length;i++){
            this.lists[i].check=this.checkAll;
        }
    },
    // 当前行选项的处理
    curChange(){
        // 取出打勾的状态 filter()数组进行过滤处理,返回满足条件的数组
        var selected=this.lists.filter(function (v){
            return v.check==true;
        });
        // 三目运算
        selected.length==this.lists.length
```

```
        ?(this.modelCheckedAll=true)
        :(this.modelCheckedAll=false);
    },
    ...mapActions("shopcart",["del","add","sub"]),
},
```

当所有商品行按钮选中时，上面全选按钮会自动亮(全选状态)，只要当前购物车商品一条未选择，上面全选按钮就不会亮，此功能由 curChange()实现。全选效果如图 7-11 所示。

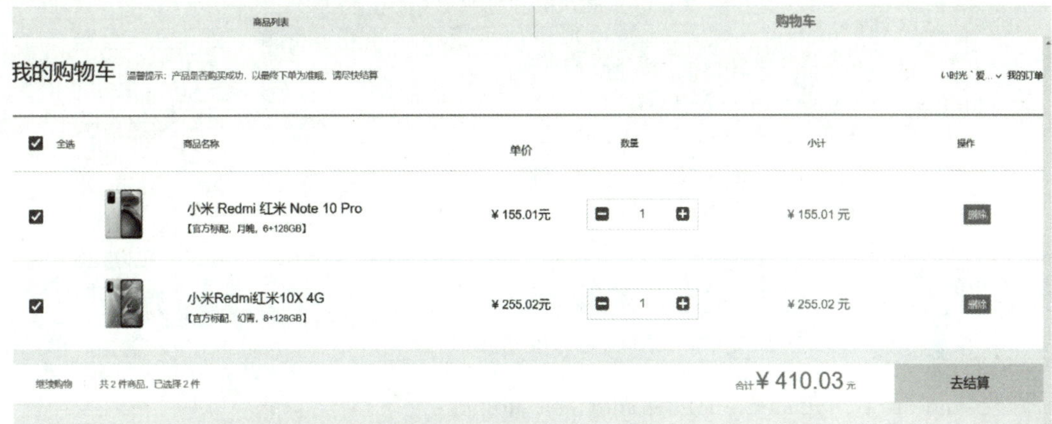

图 7-11　全选运行效果

【实例 7-6】修改购物车项目，实现商品数量计数器增减功能。

购物车页面计数器代码如下：

```
<div class="change-goods-num">
<a href="javascript:;">
<i class="fa fa-minus-square plus"@ click="sub(item)"></i>
</a>
<input type="text"class="goods-num"v-bind:placeholder="item.count"/>
<a href="javascript:;">
<i class="fa fa-plus-square reduce"@ click="add(item)"></i>
</a>
</div>
```

由于计数器的值是当前商品的一个属性(count)，页面上调用增减的方法传递的是商品对象 item，也可以类似于删除商品的方法，传递当前商品的 id，在定义增减计数方法时进行相应的改变。

修改 shopcart.js，在 mutations 中实现 add()和 sub()。

```
const mutations={
    //将商品加入购物车

    //删除当前的商品

    // 商品数量增加
    add(state,item){
```

```
        //利用状态管理找到当前计数器所属的商品
        const v=state.items.find(v=>v.id===item.id)
        //比较库存量
        if (v.stock >v.count){
            ++v.count//未达到最大库存则可以加量
        }
    },
    // 商品数量减少
    sub(state,item){
        //利用状态管理找到当前计数器所属的商品
        const v=state.items.find(v=>v.id===item.id)
        //比较库存量
        if (v.count >1){
            --v.count//减少数量:如果数量已经为 1 则不能再减少
        }
    },
    //是否全选
}
```

修改 shopcart. js，在 ations 中包装 add( )和 sub( )。

```
const actions={
    //添加商品入购物车
    //删除商品
    //增减计数器数量
    add(context,id){
        context.commit('add',id)
    },
    sub(context,id){
        context.commit('sub',id)
    },
}
```

修改 shopcart. Vue，在 methods 中添加映射。

```
methods:{
    //添加 mutation 映射
    ...mapMutations("shopcart",{changeCheckedAll:"changeCheckedAll"}),
    //添加 action 映射
    ...mapActions("shopcart",["del","add","sub"]),
    // 全选的处理
    // 当前选项的处理
    },
```

购物车内商品计数器增减功能的实现如图 7-12 所示。

这里需要提的一点是，因为 shopcart 模块中的每条商品信息是不需要提供类似 goods 中一条商品的所有字段的，只需要提供几个关键的字段，然后到 goods 模块中去查询该条商品的信息即可。购物车中应该存放着自己的商品列表状态，拿购物车中每条商品的 id 去商品的模

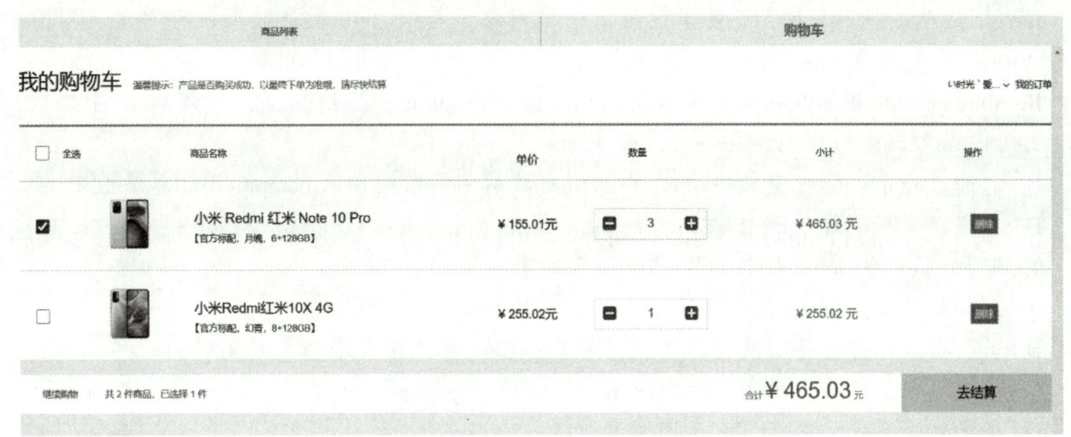

图7-12　商品计数器实现效果

块中查询到相应的信息，再结合实际的需求计算出相应的值，一起合并成一个对象，这个对象就是一条商品基本上所有需要显示在页面上的东西了，在组件中取就可以了。然后其他对应的一些功能可以分别通过getters和mutations来实现。实现之后就是在组件中去调用这些方法，具体实现可由读者自行完成。

7.5 本章总结

什么情况下应该使用Vuex？Vuex可以帮助读者管理共享状态，并附带了更多的概念和框架。这需要对短期和长期效益进行权衡。Vuex使Vue组件状态更加容易维护，为大型项目开发提供了强大的技术支持。

如果您不打算开发大型应用，使用Vuex可能是烦琐冗余的。确实是如此——如果您的应用够简单，您最好不要使用Vuex。一个简单的store模式(opens new window)就足够您所需了。但是，如果您需要构建一个中大型应用，您很可能会考虑如何更好地在组件外部管理状态，Vuex将会成为自然而然的选择。

本章习题

一、选择题

1. 以下属于Vuex属性的是(　　)。

A. State　　B. Getter　　C. Mutation　　D. Action

E. Module

2. 以下关于Vuex的说法正确的是(　　)。

A. 它是Vue框架中的状态管理

B. Vuex适用场景有：单页应用中，组件之间的状态。音乐播放、登录状态、加入购物车等

C. Vuex就是一个仓库，仓库里面放了很多对象。其中state就是数据源存放地，对应于一般Vue对象里面的data

D. 使用Vuex会让耦合性大大增加

3. Vuex的State特性不包含(　　)。

A. Vuex 就是一个仓库，仓库里面放了很多对象。其中 state 就是数据源存放地，对应于一般 Vue 对象里面的 data

B. state 里面存放的数据是响应式的，Vue 组件从 store 中读取数据，若是 store 中的数据发生改变，依赖这个数据的组件也会发生更新

C. 它通过 mapState 把全局的 state 和 getters 映射到当前组件的 computed 计算属性中

D. 想修改数据要维护三个地方

4. 关于 Vuex 的 Getter 特性以下说法正确的有(　　)。

A. getters 可以对 State 进行计算操作，它就是 Store 的计算属性

B. 虽然在组件内也可以做计算属性，但是 getters 可以在多组件之间复用

C. 如果一个状态只在一个组件内使用，可以不用 getters

D. 监听数据变化，并执行一个回调函数

5. 关于 Vuex 的 Mutation 特性以下说法正确的有(　　)。

A. Action 提交的是 mutation，而不是直接变更状态；Action 可以包含任意异步操作

B. Mutation 是更新数据的方法，支持异步操作

C. Mutation 是存储数据的方法

D. Mutation 是管理数据的状态

二、简答题

1. 怎么使用 Vuex 模块的命名空间？为什么要使用命名空间？

2. Vuex 中 action 和 mutation 有什么区别？

三、编码题

在 Vuex 的 state 中有个状态 number 表示货物数量，在页面组件怎么改变它？

拓展实训

拓展学习：如何解决跨域问题？

跨域，指的是浏览器不能执行其他网站的脚本。它是由浏览器的同源策略造成的，是浏览器施加的安全限制。

所谓同源是指，域名，协议，端口均相同，例如：

http：//www. 123. com/index. html 调用 http：//www. 123. com/server. php(非跨域)

http：//www. 123. com/index. html 调用 http：//www. 456. com/server. php (主域名不同：123/456，跨域)

http：//abc. 123. com/index. html 调用 http：//def. 123. com/server. php (子域名不同：abc/def，跨域)

http：//www. 123. com：8080/index. html 调用 http：//www. 123. com：8081/server. php(端口不同：8080/8081，跨域)

http：//www. 123. com/index. html 调用 https：//www. 123. com/server. php (协议不同：http/https，跨域)

请注意：localhost 和 127. 0. 0. 1 虽然都指向本机，但也属于跨域。浏览器执行 javascript 脚本时，会检查这个脚本属于哪个页面，如果不是同源页面，就不会被执行。

拓展任务：

在本章使用的案例中，使用了 api/shop. js 进行了项目数据的模拟。在实现应用中，商品

列表的数据是存储在服务器的数据库里的。本次拓展实训的任务是使用 Node. js Express 框架实现从数据库将商品信息读取出来，再使用 vue-cli 搭建的前端框架将这些数据展示到网页上。

提示：注意跨域问题。

第 8 章　项目实战：网上商城

在前面的章节中学习了 Vue. js 的基础知识、组件、路由、Vue CLI 以及 Vuex，本章将结合前面所学的知识点来开发一个具有代表性的电商网站项目。考虑到篇幅有限，本章只完成电商网站用户购物的基本流程。

本章的学习重点

- Vue. js 项目的搭建
- 组件库的创建
- vue-router 插件
- 基于 Promise 的 HTTP 库 axios

引导案例

电商网站用户基本购物流程包含以下功能，用户可以浏览商品，查看商品详情，用户注册登录后可将商品加入购物车，填写好收货信息可提交订单。

案例思考

为完成以上功能，前台使用 Vue. js 框架搭建，还需借助 vue-router、Vuex 等第三方插件，后端使用 Node. js+express，数据库使用 MySQL。

8.1 需求分析

本项目主要完成一个简易的购物网站，用户可以浏览商品，注册登录后将商品加入购物车，在购物车页面可以对商品进行数量加减以及移除，选择地址和需要购买的商品后可以提交订单进行结算，在个人中心可以查看自己的订单。

根据以上功能需求，需设计以下几个页面：商城首页，商品分类页，商品详情页，购物车页，确认订单页，个人订单页。

8.1.1 商城首页

本项目页面设计借鉴了“小米商城”，整体风格简洁大方。商城首页是一个程序的入口页面，客户打开程序，首先映入眼帘的就是该页面，它的设计影响到用户体验。商城首页由 4 部分组成，依次为顶部导航、轮播图区域、商品展示区域、底部版权，具体如图 8-1 所示。

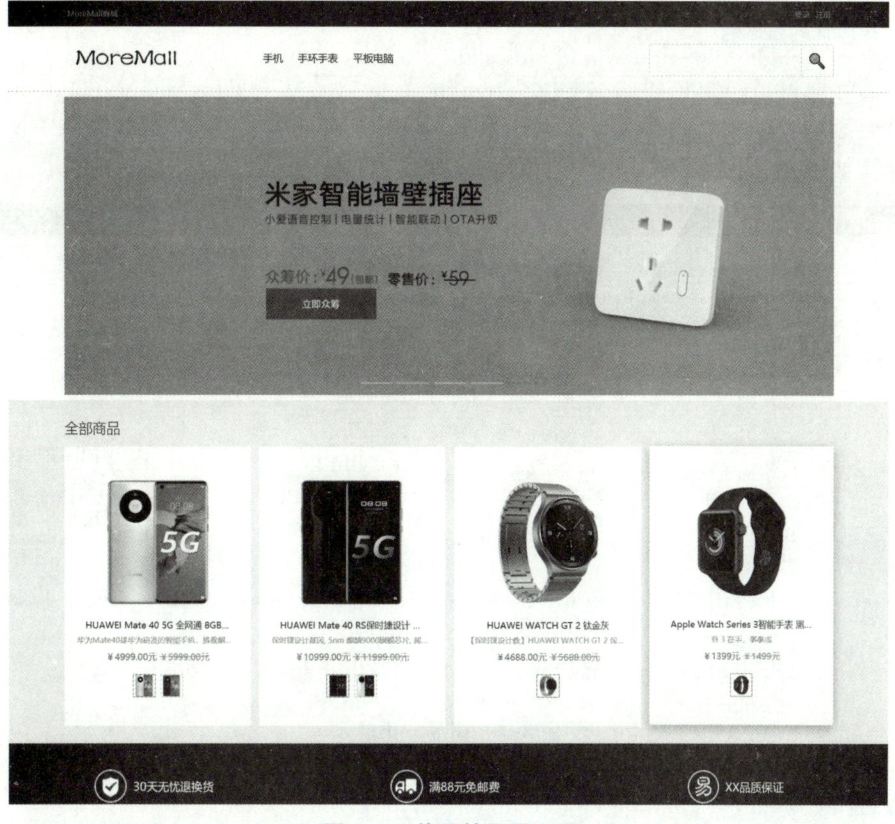

图 8-1　首页效果展示图

当点击右上角登录链接时，弹出登录框，具体如图 8-2 所示。

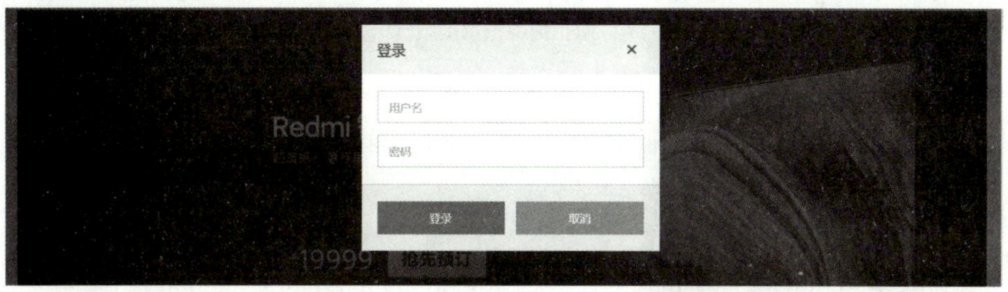

图 8-2　登录展示

当点击右上角注册链接时，弹出注册框，具体如图 8-3 所示。

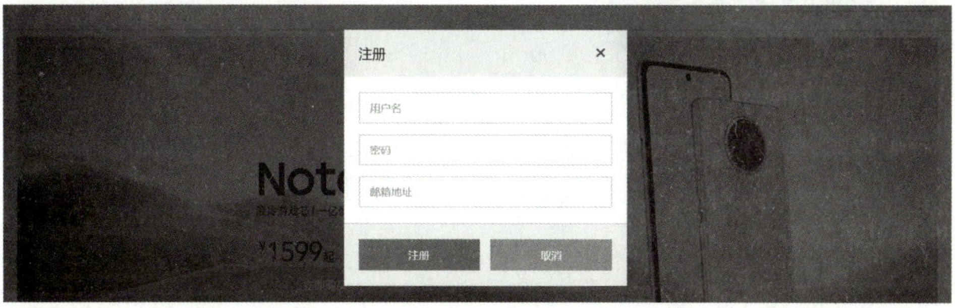

图 8-3　注册展示

8.1.2 商品分类页

当点击导航分类时，页面展示对应类别的商品，商品分类页由 3 部分组成，依次为：顶部导航、商品展示区域、底部版权，例如单击“平板电脑”分类，就是展示商品中所有的平板电脑，具体如图 8-4 所示。

图 8-4　商品分类展示

8.1.3 商品详情页

点击任意商品链接即可进入商品详情页，商品详情页由上至下由 5 部分组成，依次为：顶部导航、商品名称吸顶，轮播图区域、商品展示区域、底部版权，具体如图 8-5 所示，因顶部导航和底部版权与其他页面一致，图 8-5 中未截全。

图 8-5　商品详情页面展示

8.1.4　购物车页

当用户登录之后，导航的左上角会显示用户名字、购物车和订单列表超链接，点击购物车链接即可进入购物车页面，购物车页面由顶部导航、头部吸顶导航、购物车商品列表和底部版权组成，当选中某商品时，会自动计算总价，如图 8-6 所示。

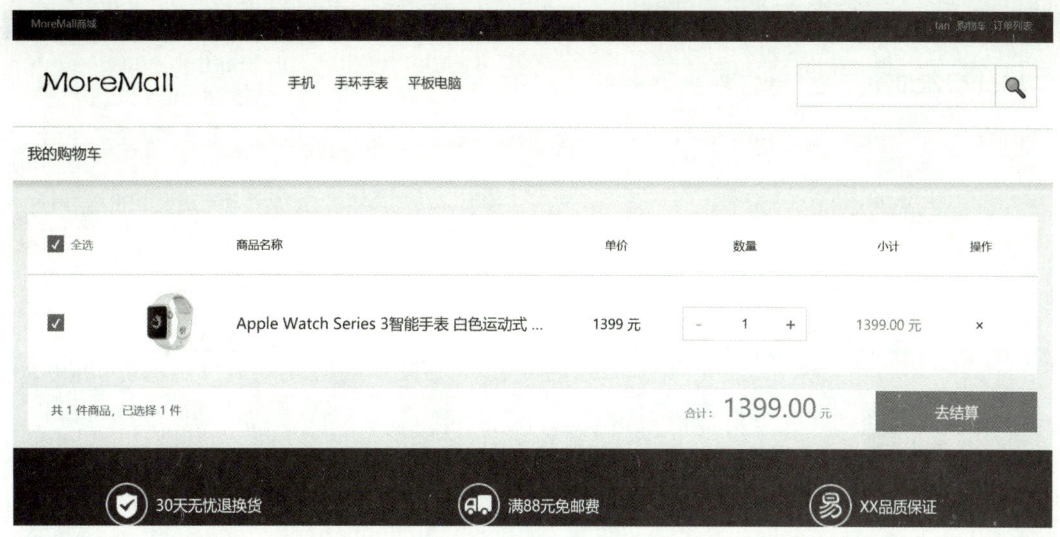

图 8-6　购物车页面展示

8.1.5　确认订单页

用户登录后，在商品详情页面点“立即购买”或者在购物车页面选好商品后选择“去结算”即可进入确认订单页面，确认订单页面由顶部导航、头部吸顶导航、地址列表、购买商品列表和底部版权组成，具体如图 8-7 所示。

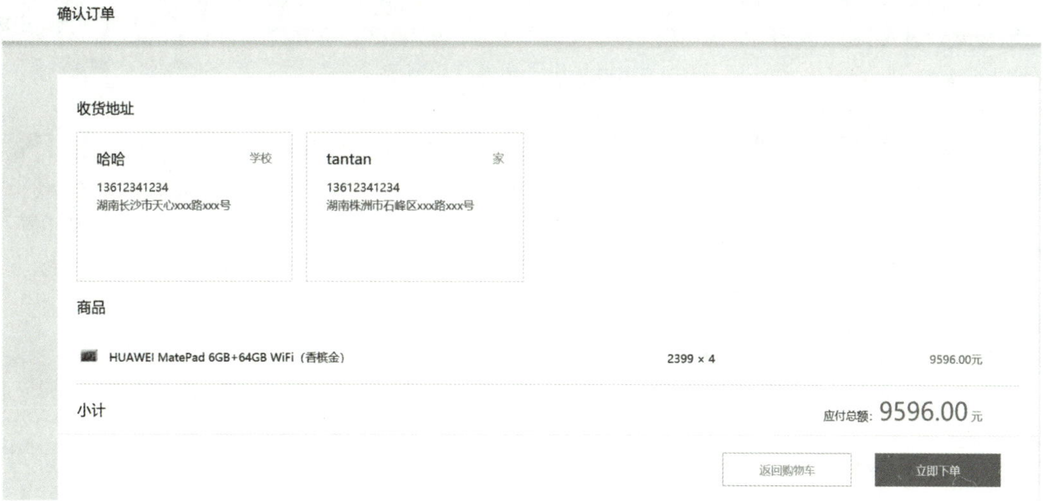

图 8-7　确认订单页面展示

当点击立即下单时，会弹出提示框“确认支付”，询问是否立即支付，如果点击“确认”，生成订单为已支付订单，如果点击“取消”，生成订单为未支付订单。

8.1.6　个人订单页

用户登录后，点击右上角“订单列表”可以查询个人订单，个人订单页由顶部导航、订单列表和底部版权组成，在个人订单中可查询所有的订单，也可以按照“已支付”和“未支付”查询，具体如图 8-8、图 8-9 和图 8-10 所示。

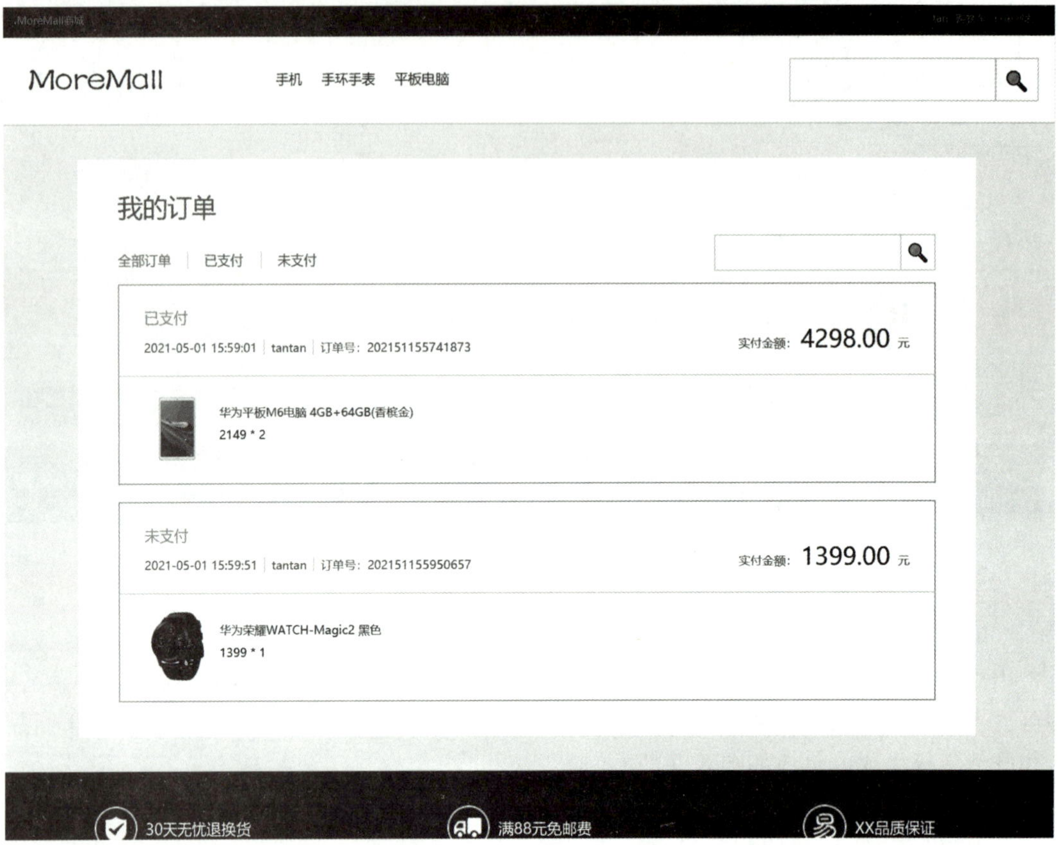

图 8-8　个人全部订单展示

图 8-9　个人已支付订单展示

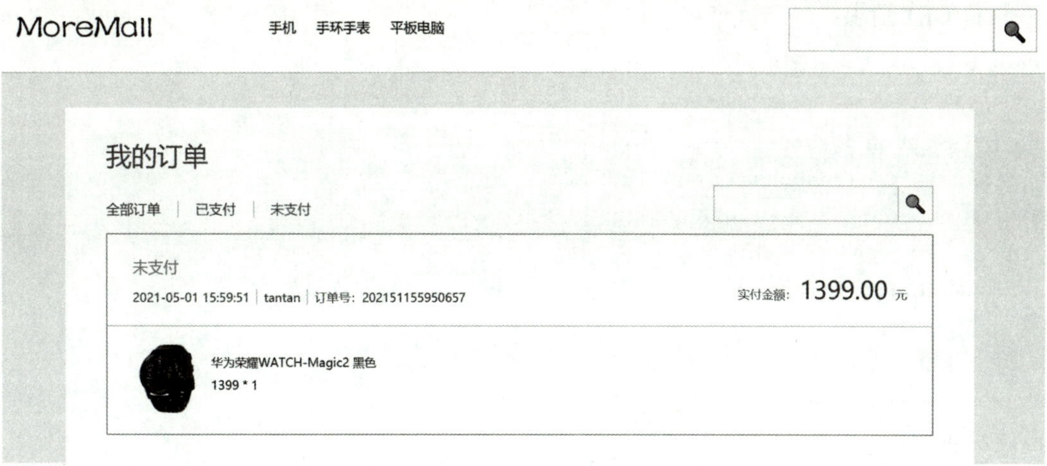

图 8-10　个人未支付订单展示

8.2 项目工程搭建

本网上商城采用的技术为 Vue. js+Node. js+express+MySQL，采取前后端分离的模式，前端主要使用 Vue. js 作为前端开发框架，使用 Vue CLI3 脚手架搭建项目，使用 axios 作为 HTTP 库与后端 API 交互，使用 vue-router 实现前端路由的定义、跳转以及参数的传递等，使用 vuex 进行数据状态管理，后端使用 Node. js+express，连接 MySQL 数据库。

8.2.1 axios

axios 是一个基于 promise 的 HTTP 库，可以用在浏览器和 Node. js 中。Vue. js 不像 jQuery，本身并没有携带 Ajax 方法，因此需要借助插件或者第三方 HTTP 库，而 axios 就是一个不错的选择。

可以通过 NPM 或 CDN 的形式来使用 axios，需进行安装。

使用 NPM：

```
npm install axios
```

使用 CDN：

```
<script src="https://unpkg.com/axios/dist/axios.min.js"></script>
```

axios 提供了多种请求方式，相关 API 如下：

```
axios.request(config)
axios.get(url[,config])
axios.delete(url[,config])
axios.head(url[,config])
axios.options(url[,config])
axios.post(url[,data[,config]])
axios.put(url[,data[,config]])
axios.patch(url[,data[,config]])
```

接下来介绍一下常用的 GET 和 POST 请求。

执行 GET 请求：

```
//为给定 ID 的 user 创建请求
axios.get('/user? ID=12345')
.then(function (response){
    console.log(response):
})
.catch(function (error){
    console.log(error);
});
//上面的请求也可以这样做
axios.get('/user',{
    params:{
        ID:12345
    }
})
.then(function (response){
    console.log(response);
})
.catch(function (error){
    console.log(error);
});
```

执行 POST 请求：

```
axios.post('/user',{
    firstname:'jack',
    lastName:'ma'
})
.then(function (response){
    console.log(response);
})
.catch(function (error){
    console.log(error);
});
```

基于 Promise，可以执行多个并发请求：

```
function getUserAccount (){
    return axios.get('/user/12345');
}
function getUserPermissions (){
    return axios.get('/user/12345/permissions');
}
axios.all([getUserAccount(),getUserPermission()])
.then(axios.spread(function (acct,perms){
    //两个请求都执行完成
}));
```

也可以通过写入配置的形式发起请求：

```
axios ({
   method:'post',
   url:'/user/12345',
   data:{
      firstName:'jack',
      lastName:'ma'
   }
})
.then (function (res){
   console.log (res);
});
```

在业务中，经常将其封装为实例的形式调用，便于做通用配置，例如：

```
//util.js
const instance=axios.create ({
   baseURL:'https://some-domain.com/api',
   timeout:1000,
   headers:{'Content-Type':'application/x-www-form-urlencoded;'}
});
export default instance;
//index.Vue
<template>
<div></div>
</template>
<script>
import Ajax from'./util.js'
export default{
   mounted(){
      Ajax({
         method:'post',
         url:'/user',
         data:{
            firstName:'jack',
            lastName:'ma'
         }
      }).then(res=>{
         console.log(res);
      });
   }
}
</script>
```

更多关于 axios 的配置，大家可查询 npm 中 axios 文档(https://www.npmjs.com/package/axios)或者查阅 github 项目主页 axios 文档(https://github.com/axios/)。

8.2.2 创建项目

本项目采用前后端分离的模式，所以先建一个 MoreMall 的文件夹，在此文件夹下使用 vue-cli 创建前端项目文件，命令如下：

```
vue create client
```

在前面的章节已经学习过使用 vue-cli 创建项目，这里不做过多的介绍，项目创建完成后，使用如下命令启动项目：

```
cd client
npm run serve
```

8.2.3 配置 axios

在安装 axios 之前，先创建配置文件，在 src 文件夹下创建 config 子文件夹，在该文件夹下新建 index. js 文件，配置 url 接口，具体如下：

【src/api/index. js】接口配置文件。

```
export default{
    title:"MoreMall",
    baseURL:{
        //开发时后台接口
        development:"http://127.0.0.1:3000/api",
        //生产时后台接口(test)
        product:"/"
    }
}
```

使用 npm 方式在项目中使用命令安装 axios，安装命令如下：

```
npm install axios
```

安装完成后，在 src 文件夹下新建 api 子文件夹，在 api 子文件夹下新建 axios. js，完成相关配置，首先需要判断获取后端数据的接口，还需要设置拦截器，如果当前未通过 401 认证或者发出的请求不是获取用户信息(/user/profile)，那么则需要拦截用户的操作，提醒用户先登录，具体实现如下：

【src/api/axios. js】axios 设置。

```
import axios from"axios"
import CONFIG from"@ /config"
import store from"@ /store"
import router from"@ /router"
import Vue from"vue"
const baseURL = process.env.NODE _ ENV = = = " development "? CONFIG. baseURL.
development:CONFIG.baseURL.product

axios.defaults.withCredentials=true
```

```
class HttpRequest{
    constructor(baseURL){
        this.baseURL=baseURL
    }
    getInsideConfig(){
        return{
            baseURL:this.baseURL,
            method:"get",
        }
    }
    interceptors(instance){
        instance.interceptors.request.use(config=>{
            return config
        })
        instance.interceptors.response.use(res=>{
            //验证 401 未认证,/user/profile 表示获取用户信息请求路径
            if(res.data.code==401 && res.config.url ! ="/user/profile"){
                //未认证
                Vue.prototype.$warning("先登录叭.■?")
                router.push({name:"index"})
                store.commit("setUser",null)
                store.commit("changeModalStatus",{componentName:"login",visible:
true})
            }
            return res.data
        },err=>{
            return{
                code:-999,
                data:null,
                message:"请求失败"+err,
            }
        })
    }

    request(options){
        const instance=axios.create()
        options=Object.assign(this.getInsideConfig(),options)
        this.interceptors(instance)
        return instance(options)
    }
}

const axiosObj=new HttpRequest(baseURL)
export default axiosObj
```

8.2.4 目录结构

为了方便大家进行项目搭建，下面介绍“MoreMall”网上商城的前端 client 目录结构，具体如下：

(1) public：存放公共文件；

(2) src：源代码目录，保存开发人员编写的项目代码；

(3) src/api：插件目录，存放 axios 配置以及相关接口文件；

(4) src/assets：资源文件目录，如图片、css 等；

(5) src/components：组件文件目录；

(6) src/config：配置文件；

(7) src/views：页面文件目录；

(8) src/App. Vue：项目入口根文件；

(9) src/main. js：项目入口文件；

(10) src/router. js：路由文件；

(11) src/store. js：数据状态存储文件。

8.3 前端页面开发

根据功能需求分析，先来完成前端页面的开发，Vue. js 非常核心的一个功能就是组件，所以根据需求，将多次复用的功能模块封装为公共组件，再完成页面的开发。本项目的样式使用的就是 css，为节约篇幅，在组件和页面开发时省略样式。

8.3.1 公共组件开发

为了便于后续项目功能的扩展，尽可能地将常用的功能模块细化为公共组件，并将公共组件放置在 src 文件夹下的 components 子文件夹下，以下所有的公共组件都是放在此目录下。

在页面的头部有登录注册的弹框，登录注册框包含 3 个部分，输入框、按钮以及模态框，将这三个部分拆为 3 个公共组件，首先来看输入框，输入框聚焦与失焦的状态样式不一样，以用户名输入框为例，图 8-11 展示的是输入框失焦的样式，图 8-12 展示的是输入框聚焦的样式。

用户名

图 8-11　输入框失焦样式

用户名

图 8-12　输入框聚焦样式

【input. Vue】输入框组件。

```
<template>
<div class="tan-input"ref="tanInput">
<label class="tan-input-label"@ click="$refs.tanInputText.focus()">{{label}}</
label>
```

```
<input
class="tan-input-text"
ref="tanInputText"
:type="nativeType"
:value="value"
:placeholder="placeholder"
@ input=" $emit('input', $event.target.value)"
@ focus=" $refs.tanInput.classList.add('focus','active')"
@ blur=" $refs.tanInput.classList.remove('focus',value ? '.':'active')"
>
</div>
</template>

<script>
export default{
    name:"TanInput",
    model:{
        prop:"value",
        event:"input",
    },
    props:{
        value:{
            type:String,
            default:""
        },
        label:String,
        placeholder:String,
        nativeType:{
            type:String,
            default:"text"
        }
    }
}
</script>
```

完成输入框组件后，来看一下按钮组件，按钮在本项目中主要两种不同的背景颜色，一种是橙色背景，一种是灰色背景。而且在不同的地方使用组件按钮，按钮的宽、高、字体大小都是不定的，所以这些不设置常量值，由父组件调用的时候指定，以登录弹框的两种不同背景颜色的按钮为例，如图 8-13 所示。

图 8-13　按钮样式

【button. Vue】按钮组件。

```
<template>
<button
class="tan-button"
:style="{width,height,'font-size':fontSize}"
:type="nativeType"
:class="[
    {'tan-button-primary':primary},
    {'tan-button-gray':gray},
]"
@ click=" $emit('click', $event)"
>
<slot></slot>
</button>
</template>

<script>
export default{
    name:"TanButton",
    props:{
        nativeType:{
            type:String,
            default:"button"
        },
        width:{
            type:String,
            default:"100% "
        },
        height:{
            type:String,
            default:"38px"
        },
        fontSize:{
            type:String,
            default:"14px"
        },
        primary:Boolean,
        gray:Boolean,
        return:Boolean
    }
}
</script>
```

接下来完成模态框组件，模态框组件的作用主要是弹出框以淡入淡出的效果出现，并出现半透明的遮罩层，弹出框头部设置一个 title 值，父组件调用时传值过来，中间的主体内容设置一个 slot，底部设置一个 name 为 footer 的 slot。以登录框为例，title 值为登录，中间主体的 slot 用来放置用户名和密码输入框，底部 name 为 footer 的 slot 用来放置登录和取消按钮，模态框效果如图 8-14 所示。

图 8-14　模态框样式

【modal. Vue】模态框组件。

```
<template>
    <transition name="tan-modal-fade">
        <div v-show="visible"class="tan-modal-wrapper">
            <div class="tan-modal">
                <div class="tan-modal-header">
                    <h2 class="tan-modal-header-title">{{title}}</h2>
                    <button type="button"class="tan-modal-header-close"@ click="
$emit('close')">×
                    </button>
                </div>
                <div class="tan-modal-body">
                    <slot></slot>
                </div>
                <div v-if="footer"class="tan-modal-footer">
                    <slot name="footer"></slot>
                </div>
            </div>
        </div>
    </transition>
</template>

<script>
export default{
    name:"TanModal",
    props:{
        title:{
            type:String,
            default:"提示"
        },
        visible:Boolean,
        footer:Boolean
```

```
    }
}
</script>
```

输入框组件、按钮组件和模态框组件完成之后，就可以完成登录和注册组件，因为登录、注册的弹出框可以在多个页面弹出，所以也设置为公共组件。

登录使用用户名和密码完成，所以在登录组件中只需调用输入框组件两次即可，具体实现如下。

【login. Vue】登录组件。

```
<template>
    <div class="tan-login">
        <tan-input v-model="data.username"label="用户名"></tan-input>
        <tan-input v-model="data.password"native-type="password"label="密码"></
tan-input>
    </div>
</template>

<script>
import input from"@ /components/input"

export default{
    name:"TanLogin",
    components:{"tan-input":input},
    props:{
        data:Object
    }
}
</script>
```

注册使用用户名、密码和邮箱完成，所以在注册组件中调用三次输入框组件，具体实现如下。

【register. Vue】注册组件。

```
<template>
    <div class="tan-register">
        <tan-input v-model="data.username"label="用户名"></tan-input>
        <tan-input v-model="data.password"native-type="password"label="密码"></
tan-input>
        <tan-input v-model="data.email"native-type="email"label="邮箱地址"></
tan-input>
    </div>
</template>

<script>
import input from"@ /components/input"
```

```
export default{
    name:"TanRegister",
    components:{"tan-input":input},
    props:{
        data:Object
    }
}
</script>
```

登录和注册组件已经完成，在登录或注册时，如果未填写信息直接登录或者填写信息有误，需要弹出提示框提醒用户当前存在的问题，在后续操作中也会有一些提示，所以封装一个信息提示组件，以不同的样式提示不同的信息，例如成功提示用绿色字体，错误提示使用红色字体，警告提示使用黄色字体，一般提示使用灰色字体，具体实现如下。

【message. Vue】信息提示组件。

```
<template>
    <transition name="tan-message-fade">
        <div
            v-show="visible"
            class="tan-message"
            :class="[
                {'tan-message-success':type=='success'},
                {'tan-message-info':type=='info'},
                {'tan-message-warning':type=='warning'},
                {'tan-message-error':type=='error'},
            ]">
            {{message}}
        </div>
    </transition>
</template>
<script>
export default{
    name:"TanMessage",
    props:{
        message:String,
        visible:Boolean,
        type:{
            type:String,
            default:"info",
        }
    }
}
</script>
```

在 main. js 中将 $ success、$ error 和 $ warning 作为属性追加到 Vue 实例中，在其他地方可以直接调用，弹出对应的提示框，具体实现如下。

【main.js】项目入口文件。

```
import message from"@ /components/message"
const messageFunction=(msg,type,duration=1500)=>{
    const MessageConstructor=Vue.extend(message)
    const instance=new MessageConstructor()
    instance.$mount(document.createElement("div"))
    document.body.appendChild(instance.$el)

    instance.message=msg
    instance.type=type
    instance.visible=true

    setTimeout(()=>{
        instance.visible=false

        setTimeout(()=>{
            document.body.removeChild(instance.$el)
            instance.$destroy()
        },300)
    },duration)
}

const Message={
    install (Vue){
        Vue.prototype.$success=(msg,duration=1500)=>{
            messageFunction(msg,"success",duration)
        }
        Vue.prototype.$error=(msg,duration=1500)=>{
            messageFunction(msg,"error",duration)
        }
        Vue.prototype.$warning=(msg,duration=1500)=>{
            messageFunction(msg,"warning",duration)
        }
    }
}
Vue.use(Message)
```

接下来完成公共的头部组件，根据需求，头部组件可分为三个小部分。

第一部分是最上面的登录注册链接导航条，此处如果用户登录之后，会将“登录”和“注册”链接隐藏，使用当前登录的用户名以及“购物车”“订单列表”替换，所以还涉及用户登录信息的共享，用户登录信息共享使用了前面学过的 vuex 插件，使用 vuex 插件首先需要安装，请参考前面章节内容完成安装，安装完成后，需配置 store.js 文件，此文件中，主要是共享用户登录信息，具体实现如下。

【store.js】数据状态存储文件。

```
import Vue from'vue'
import Vuex from'vuex'
import http from"@/api/user"
Vue.use(Vuex)
export default new Vuex.Store({
    state:{
        modalStatus:{
            visible:false,
            componentName:"register",
        },
        user:null,
    },
    mutations:{
        changeModalStatus(state,{componentName,visible}){
            if(componentName !==undefined) state.modalStatus.componentName=componentName
            if(visible !==undefined) state.modalStatus.visible=visible
        },
        setUser(state,user){
            state.user=user
        },
    },
    actions:{
        getUser({commit}){
            http.userProfile()
            .then(res=>{
                if(res.code==200) commit("setUser",res.data)
            })
        }
    },
    modules:{
    }
})
```

在 store.js 文件中导入了用户操作接口文件，所以需要配置用户接口文件，此接口文件中主要涉及三个接口：登录(/user/login)、注册(/user/register)和获取用户信息(/user/profile)，在 api 子文件夹下新建 user.js，具体实现代码如下。

【api/user.js】用户操作接口文件。

```
import axios from"./axios"

const register=({username,password,email})=>{
    return axios.request({
        url:"/user/register",
        method:"post",
        data:{username,password,email}
```

```
    })
}

const login=({username,password})=>{
    return axios.request({
        url:"/user/login",
        method:"post",
        data:{username,password}
    })
}
const userProfile=()=>{
    return axios.request({
        url:"/user/profile"
    })
}

export default{
    register,
    login,
    userProfile,
}
```

第二部分是商品分类导航条，商品类别导航是根据数据库中已有的商品类别名称来渲染的，并非固定的，所以在此处需要拿到商品所有的类别并进行遍历，设置商品分类接口文件，获取后端商品分类信息，此文件只涉及一个接口：获取商品分类类别名称(/category/list)，在 api 子文件夹下新建 category. js，具体实现代码如下。

【api/ category. js】获取商品分类信息接口文件。

```
import axios from"./axios"

const list=()=>{
    return axios.request({
        url:"/category/list"
    })
}

export default{
    list
}
```

第三部分是登录/注册弹出框，点击登录链接，在模态框中展示登录组件(login. Vue)，点击注册组件，在模态框中展示注册组件(register. Vue)，具体实现如下。

【site-header. Vue】头部导航组件。

```
<template>
    <header class="tan-site-header">
        <div class="tan-site-topbar">
```

```
        <div class="container">
            <div class="tan-site-topbar-nav">
                <router-link:to="{name:'index'}">MoreMall 商城</router-link>
            </div>
            <div v-if="user"class="tan-site-topbar-right">
                <span>{{user.username}}</span>
                <router-link:to="{name:'cart'}">购物车</router-link>
                <router-link:to="{name:'orderList'}">订单列表</router-link>
            </div>
            <div v-else class="tan-site-topbar-right">
                <span @ click="showModal('login')">登录</span>
                <span @ click="showModal('register')">注册</span>
            </div>
        </div>
    </div>
    <div class="tan-header container">
        <div class="tan-header-logo">
            <router-link:to="{name:'index'}">
            <img src="../assets/malllogo.png"/>
            </router-link>
        </div>
        <ul class="tan-header-nav">
            <li v-for="category in productCategory":key="category.id"class="
tan-header-nav-item">
                <router-link:to="{name:'category',params:{id:category.id,name:
category.name}}">
                    {{category.name}}
                </router-link>
            </li>
        </ul>
        <div class="tan-header-search">
            <input class="tan-header-search-input"type="text"/>
            <button class="tan-header-search-btn">&#128269;</button>
        </div>
    </div>
    <tan-modal
        footer
        :title="title"
        :visible="modalStatus.visible"
        @ close="modalVisible=false"
    >
        <component:is="'tan-'+modalStatus.componentName":data="data"></com-
ponent>
        <template v-slot:footer>
            <tan-button primary width="160px"height="40px"@ click="handleCon-
firm">{{title}}
```

```
                </tan-button>
                <tan-button gray width="160px"height="40px"@ click="modalVisible
=false">取消</tan-button>
            </template>
        </tan-modal>
    </header>
</template>

<script>
import{mapState,mapMutations,mapActions}from"vuex"

import modal from"@ /components/modal"
import login from"@ /components/login"
import register from"@ /components/register"

import userHttp from"@ /api/user"
import categoryHttp from"@ /api/category"

export default{
    name:"TanSiteHeader",
    components:{"tan-modal":modal,"tan-login":login,"tan-register":register},
    data(){
        return{
            data:{},
            productCategory:[]
        }
    },
    computed:{
        ...mapState(["modalStatus","user"]),
        modalVisible:{
            get(){
                return this.modalStatus.visible
            },
            set(visible){
                this.changeModalStatus({visible})
            }
        },
        title(){
            return this.modalStatus.componentName=="login"?"登录":"注册"
        },
    },
    mounted(){
        //这个组件是公共组件,全局都在用
        //所以当这个组件加载后,就获取用户信息,这样如果有 cookie 的话,就可以从服务端获取到用
户信息,以此来达到登录的效果
        this.getUser()
```

```
        this.initProductCategory()
    },
    methods:{
        ...mapMutations(["changeModalStatus",]),
        ...mapActions(["getUser",]),
        showModal(componentName){
            if(componentName != this.modalStatus.componentName) this.data={}
            this.changeModalStatus({componentName,visible:true})
        },
        handleConfirm(){
            if(this.modalStatus.componentName=="register") this.register()
            else this.login()
        },
        register(){
            userHttp.register(this.data)
            .then(res=>{
                if(res.code !=200) this.$warning(res.message)
                else{
                    this.$success(res.message)
                    this.modalVisible=false
                }
            })
        },
        login(){
            userHttp.login(this.data)
            .then(res=>{
                if(res.code/100 !=2) this.$warning(res.message)
                else{
                    //获取用户信息
                    this.getUser()
                    this.$success(res.message)
                    this.modalVisible=false
                }
            })
        },
        initProductCategory(){
            categoryHttp.list()
            .then(res=>{
                if(res.code==200){
                    this.productCategory=res.data
                }
            })
        }
    }
}
</script>
```

轮播在多处可以调用，所以也封装为一个公共组件，具体实现如下。

【swiper. Vue】轮播组件。

```
<template>
    <div class="tan-swiper-wrapper":style="{width:width,height:height}">
        <div class="tan-swiper-image-list">
            <img v-for="image,index in images"class="tan-swiper-image-list-item":
key="image"
            :class="{active:index==current}":src="image"/>
        </div>
        <div class="tan-swiper-btn-list">
            <div class="tan-swiper-btn tan-swiper-btn-pre"@ click="changeImage
(current-1)"></div>
            <div class="tan-swiper-btn tan-swiper-btn-next"@ click="changeImage
(current+1)"></div>
        </div>
        <div class="tan-swiper-circle-list">
            <div v-for="_,index in images":key="index"class="tan-swiper-circle-
list-item":class="{active:index==current}"@ click="changeImage(index)">
                <span></span>
            </div>
        </div>
    </div>
</template>

<script>
export default{
    name:"TanSwiper",
    props:{
        images:Array,
        width:String,
        height:String,
    },
    data(){
        return{
            current:0,
        }
    },
    mounted(){
        setInterval(()=>{
            this. changeImage(this. current+1)
        },3000)
    },
    methods:{
        changeImage(index){
            if(index< 0)index=this. images.length-1
```

```
            else if(index >=this.images.length)index=0
            this.current=index
        }
    }
}
</script>
```

接下来完成商品展示组件，同一个 ID 的商品一般会有不同的版本，以手机为例，同一型号会有不同的颜色，所以商品展示组件采用的动态循环，根据同一商品有几种不同版本就展示几个，如图 8-15 所示。需要注意的是，因为宽度原因，最多展示 7 个不同版本，超出的版本会被隐藏。

图 8-15　商品不同版本动态循环展示图

商品展示组件实现具体如下。

【product-list. Vue】商品展示组件。

```
<template>
    <div class="tan-product-list">
        <div class="tan-product-list-header">
            <h2 class="tan-product-list-header-title">{{title}}</h2>
            <div class="tan-product-list-header-more">
                <a href="#"class="tan-product-list-header-more-link"></a>
            </div>
        </div>
        <ul v-if="products.length"class="tan-product-list-products">
            <li v-for="p in products":key="p.id">
                <router-link:to="{name:'productDetail',params:{id:p.id}}">
                    <img class="tan-product-list-products-cover-image":src="
p.details[p.showIndex].image">
                    <h3 class="tan-product-list-products-title">{{p.name+""+
                    p.details[p.showIndex].name}}</h3>
                    <p class="tan-product-list-products-description">{{p.descrip-
tion}}</p>
                    <p class="tan-product-list-products-price">
                        <span>¥{{p.details[p.showIndex].salePrice}}元</span>
                        <del>¥{{p.details[p.showIndex].price}}元</del>
```

```
                        </p>
                        <ul class="tan-product-list-products-thumb-list">
                            <li
                                v-for="d,index in p.details"
                                :key="d.id"
                                :class="{active:p.showIndex==index}"
                                @mouseenter="p.showIndex=index"
                                @click.prevent=""
                            >
                                <img:src="d.image">
                            </li>
                        </ul>
                    </router-link>
                </li>
            </ul>
            <div v-else>
                <h2>空空如也</h2>
            </div>
        </div>
</template>

<script>
export default{
    name:"TanProductList",
    props:{
        products:Array,
        title:{
            type:String,
            default:"全部商品"
        }
    },
}
</script>
```

底部版权部分是一个静态的设计，且每个页面都有，所以封装为一个组件，具体实现如下。

【site-footer.Vue】底部版权组件。

```
<template>
    <footer class="tan-site-footer">
        <ul class="tan-site-footer-top">
            <li>
                    <img src="//yanxuan.nosdn.127.net/e6021a6fcd3ba0af3a10243b7a2fda0d
.png"alt=""/>
                <span>30 天无忧退换货</span>
            </li>
            <li>
```

```
                <img src="//yanxuan.nosdn.127.net/e09c44e4369232c7dd2f6495450439f1
.png"alt=""/>
             <span>满 88 元免邮费</span>
          </li>
          <li>
                <img src="//yanxuan.nosdn.127.net/e72ed4de906bd7ff4fec8fa90f2c63f1
.png"alt=""/>
             <span>XX 品质保证</span>
          </li>
       </ul>
       <div class="tan-site-footer-bottom">
          <ul>
             <li>关于我们</li>
             <li>帮助中心</li>
             <li>售后服务</li>
             <li>配送与验收</li>
             <li>商务合作</li>
             <li>企业采购</li>
             <li>开放平台</li>
             <li>搜索推荐</li>
             <li>友情链接</li>
          </ul>
          <p>XX 公司版权所有 1996-2018  食品经营许可证:XXXXXXXXXXXXXXXX</p>
       </div>
    </footer>
</template>
```

在商品详情页面、购物车页面和确认订单页面的头部导航下设计了一个吸顶的页面头部，如图 8-16 所示。

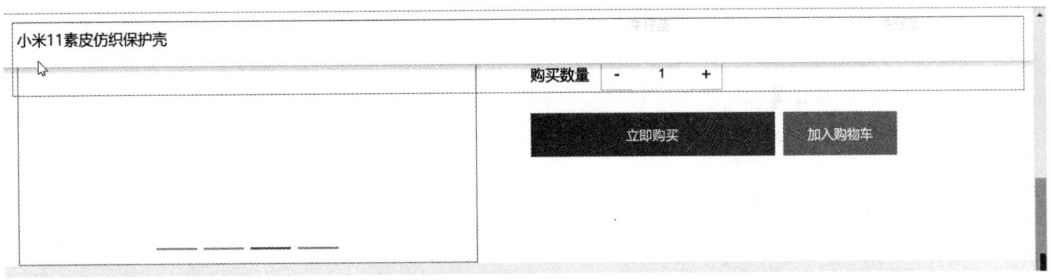

图 8-16　页面吸顶头部展示

商品详情页面吸顶的页面头部展示的是商品名称，购物车展示为“我的购物车”，确认订单页面展示为“确认订单”，具体实现如下。

【page-header. Vue】页面吸顶头部组件。

```
<template>
   <div>
      <div class="tan-page-header"ref="top">
         <div class="container">
```

```
                <h2>
                    <slot></slot>
                </h2>
            </div>
        </div>
        <div class="tan-page-header-fixed":class="{active:top}">
            <div class="container">
                <h2>
                    <slot></slot>
                </h2>
            </div>
        </div>
    </div>
</template>

<script>
export default{
    name:"TanPageHeader",
    data(){
        return{
            top:false
        }
    },
    mounted(){
        window.addEventListener("scroll",this.scrollEvent,false)
    },
    destroyed(){
        window.removeEventListener("scroll",this.scrollEvent,false)
    },
    methods:{
        scrollEvent(){
            //滚动条偏移量
            let scrollTop=window.pageYOffset || document.documentElement.scrollTop ||
document.body.scrollTop
            //要滚动到顶部吸附的元素的偏移量
            let offsetTop=this.$refs.top.offsetTop
            this.top=scrollTop >offsetTop+63 ? true:false
        }
    }
}
</script>
```

-	1	+

图 8-17 数字输入框组件

在商品详情页面和购物车页面都使用了数字输入框组件，如图 8-17 所示。

这个组件在前面的章节讲解过，具体实现如下。

【input-number. Vue】数字输入框组件。

```
<template>
    <div class="tan-input-number">
        <span class="tan-input-number-btn":class="{'disable':minDisable}"@ click
="decrease">-</span>
        <input type="number"class="tan-input-number-value":value="number"
        @ change="handleInputChange( $event. target. value)"ref="input">
        <span class="tan-input-number-btn":class="{'disable':maxDisable}"@ click
="increase">+</span>
    </div>
</template>
<script>
export default{
    name:"TanInputNumber",
    model:{
        prop:"number",
        event:"change"
    },
    props:{
        number:Number,
        min:{
            type:Number,
            default:-Infinity
        },
        max:{
            type:Number,
            default:Infinity
        }
    },
    computed:{
        minDisable(){
            return this. number<=this. min
        },
        maxDisable(){
            return this. number >this. max
        }
    },
    methods:{
        changeNumber(value){
            if(value< this. min){
                value=this. min
                this. $refs. input. value=this. min
            }
            if(value >this. max){
                value=this. max
                this. $refs. input. value=this. max
```

```
            }
            this.$emit('change',value)
        },
        handleInputChange(value){
            const newVal=value===""? undefined:Number(value)
            if(newVal)this.changeNumber(newVal)
        },
        decrease(){
            this.changeNumber(this.number-1)
        },
        increase(){
            this.changeNumber(this.number+1)
        }
    }
}
</script>
```

为了使整体风格保持统一，页面中的复选框也封装为了一个公共组件，复选框未勾选时如图 8-18 所示，勾选后如图 8-19 所示(全选两个字不包含在组件中)。

□ 全选

图 8-18　复选框未勾选时

☑ 全选

图 8-19　复选框勾选时

复选框具体实现如下。

【checkbox. Vue】复选框组件。

```
<template>
    <div class="tan-checkbox":class="{checked:checked}"  @click="chageChecked">
        <span class="tan-checkbox-input">
            <span class="tan-checkbox-inner"></span>
             <input class="tan-checkbox-original" type="checkbox":checked="
checked">
        </span>
        <span class="tan-checkbox-label">
            <slot></slot>
        </span>
    </div>
</template>

<script>
export default{
    name:"TanCheckbox",
    model:{
        prop:"checked",
        event:"change"
    },
    props:{
```

```
        checked:Boolean
    },
    methods:{
        chageChecked(){
            this.$emit('change',!this.checked)
        }
    }
}
</script>
```

在确认订单页，有多个地址的循环，所以将地址展示封装为一个组件，当鼠标移动到地址上时，地址上出现“删除”和“修改”的链接，当选中地址时，地址为橙色的边框，具体如图 8-20 所示。

收获地址

张三　学校	李四　学校	王五　学校
176XXXXXXXX 湖南省长沙市天心区xxx路xxx号	181XXXXXXXX 北京市朝阳区xxx路xxx号 删除　修改	136XXXXXXXX 四川省成都市双流区xxx路xxx号

图 8-20　地址展示

地址列表组件具体实现如下。

【address-list.Vue】地址组件。

```
<template>
    <ul class="tan-contact-list">
        <li v-for="contact in contacts":key="contact.id"class="tan-contact-list-
item"
            :class="{active:contact.id==currentId}"
            @click="$emit('click',contact.id)"
        >
            <div class="tan-contact-info">
                <div class="tan-contact-info-name">
                    {{contact.name}}
                    <span>{{contact.tag}}</span>
                </div>
                <span class="tan-contact-info-tel">{{contact.telephone}}</span>
                <span class="tan-contact-info-address">{{contact.address}}</span>
            </div>
            <div class="tan-contact-action">
                <span>删除</span>
                <span>修改</span>
            </div>
        </li>
    </ul>
```

```
</template>

<script>
export default{
    name:"TanAddressList",
    props:{
        contacts:Array,
        currentId:Number,
    }
}
</script>
```

8.3.2 商城首页开发

头部导航和底部版权是每个页面都有的，所以将其写到 App. Vue 中，中间设置一个<router-view />标签用来放置每个页面的主体部分，App. Vue 代码如下。

【App. Vue】根组件。

```
<template>
    <div id="app">
        <tan-site-header></tan-site-header>
        <transition name="app-fade">
            <router-view />
        </transition>
        <tan-site-footer></tan-site-footer>
    </div>
</template>
<script>
import siteHeader from"@ /components/site-header"
import siteFooter from"@ /components/site-footer"
export default{
    name:"App",
    components:{"tan-site-header":siteHeader,"tan-site-footer":siteFooter,}
}
</script>
```

部分组件在多个页面会被调用，所以将这部分组件定义为全局组件，为了后续页面开发方便，将复选框组件、数字输入框组件、按钮组件和页面吸顶头部组件定义为全局组件，在 main. js 中添加以下代码。

【main. js】项目入口文件。

```
//导入组件
import checkbox from"@ /components/checkbox"
import number_input from". /components/input-number"
import button from"@ /components/button"
import page_header from"@ /components/page-header"
```

```
//注册组件
Vue.component("tan-checkbox",checkbox)
Vue.component("tan-input-number",number_input)
Vue.component("tan-button",button)
Vue.component("tan-page-header",page_header)
```

整理一下 main.js 文件，具体代码如下。

【main.js】项目入口文件。

```
import Vue from'vue'
import App from'./App.Vue'
import router from'./router'
import store from'./store'

import checkbox from"@/components/checkbox"
import number_input from"./components/input-number"
import button from"@/components/button"
import page_header from"@/components/page-header"
import message from"@/components/message"
const messageFunction=(msg,type,duration=1500)=>{
    const MessageConstructor=Vue.extend(message)
    const instance=new MessageConstructor()
    instance.$mount(document.createElement("div"))
    document.body.appendChild(instance.$el)

    instance.message=msg
    instance.type=type
    instance.visible=true

    setTimeout(()=>{
      instance.visible=false
        setTimeout(()=>{
            document.body.removeChild(instance.$el)
            instance.$destroy()
        },300)
    },duration)
}

const Message={
    install(Vue){
        Vue.prototype.$success=(msg,duration=1500)=>{
            messageFunction(msg,"success",duration)
        }
        Vue.prototype.$error=(msg,duration=1500)=>{
            messageFunction(msg,"error",duration)
```

```
        }
        Vue.prototype.$warning=(msg,duration=1500)=>{
            messageFunction(msg,"warning",duration)
        }
    }
}

Vue.config.productionTip=false

Vue.component("tan-checkbox",checkbox)
Vue.component("tan-input-number",number_input)
Vue.component("tan-button",button)
Vue.component("tan-page-header",page_header)

Vue.use(Message)

new Vue({
    router,
    store,
    render:h=>h(App)
}).$mount('#app')
```

根据前面的需求分析可以完成首页的页面设计，共包含 4 个部分，因为顶部导航和底部版权两部分是公共的，所以只需完成主体部分的设计，如图 8-21 所示。

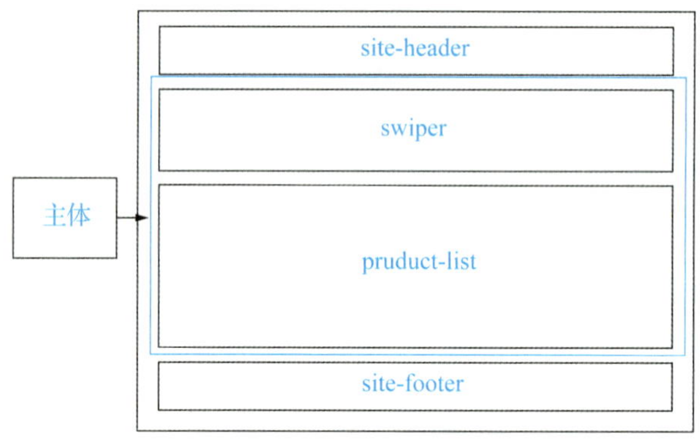

图 8-21　首页设计图

主体包含两个部分：一个轮播和商品展示，轮播在前面已经封装好组件，直接调用即可，本项目中轮播图片链接为在线地址，大家可根据需求进行更换；商品展示组件在前面也已经封装好，直接调用即可，具体实现代码如下。

【views/index. Vue】商城首页。

```
<template>
    <div>
        <div style="background-color:#fff;padding:8px 0;">
            <div class="container">
```

```
            <tan-swiper width="100% "height="460px":images="images"></tan-swiper>
        </div>
    </div>
    <! --全部商品 -->
    <tan-product-list class="container":products="products"></tan-product-
list>
  </div>
</template>

<script>
import swiper from"@ /components/swiper"
import productList from"@ /components/product-list"
import productHttp from"@ /api/product"

export default{
  name:"Index",
  components:{"tan-swiper":swiper,"tan-product-list":productList},
  data(){
    return{
      images:
["https://cdn.cnbj1.fds.api.mi-img.com/mi-mall/ed3db75d62d66994c219e5df3f7c648d.jpg?
thumb=1&w=1226&h=460&f=webp&q=90",
"https://cdn.cnbj1.fds.api.mi-img.com/mi-mall/9ebff5f5c1f52f2dbdd611897adbefd4.jpg?
thumb=1&w=1226&h=460&f=webp&q=90",
"https://cdn.cnbj1.fds.api.mi-img.com/mi-mall/1acdc8c5e49afede6d6b75ed32568b22.jpg? w
=2452&h=920",
"https://cdn.cnbj1.fds.api.mi-img.com/mi-mall/0ef4160c861b998239bce9adb82341e7.jpg?
thumb=1&w=1226&h=460&f=webp&q=90",
"https://cdn.cnbj1.fds.api.mi-img.com/mi-mall/ed12ea68287caf5fa7807449f9a4f5b7.jpg?
thumb=1&w=1226&h=460&f=webp&q=90"],
      products:[]
    }
  },
  mounted(){
    productHttp.list()
    .then(res=>{
      this.products=res.data
    })
  }
}
</script>
```

在 index. Vue 中定义了一个数组 products 用来接收商品信息，所以在 api 中新建 product. js 文件，用来获取商品信息(/product/list)，具体实现代码如下。

【api/product. js】商品信息接口文件。

```
import axios from"./axios"
const list=()=>{
    return axios.request({
        url:"/product/list"
    })
}
export default{
    list
}
```

因一个商品下有多个版本，为了便于商品列表组件(product-list.Vue)渲染，要求数据格式如下，details 中每一个元素表示一个版本。

【响应数据格式】

```
{
    "code":200,
    "data":[{
        "details":[{"id":1…},{"id":2,}],
        "id":1,
        "name":"xxx",
        …
    }],
    "message":null
}
```

8.3.3 商品分类页开发

商品分类页面根据需求由三部分组成：顶部导航、商品展示和底部版权，页面的主体部分只有商品展示，所以调用商品展示组件即可，具体实现如下。

【category.Vue】商品分类页。

```
<template>
    <tan-product-list class="container":products="products":title="
$route.params.name"></tan-product-list>
</template>

<script>
import productList from"@/components/product-list"
import productHttp from"@/api/product"

export default{
    name:"Category",
    components:{"tan-product-list":productList},
    data(){
        return{
            products:[]
```

```
        }
    },
    watch:{
        $route(value){
            this.loadProducts(value.params.id)
        }
    },
    mounted(){
        this.loadProducts(this.$route.params.id)
    },
    methods:{
        loadProducts(id){
            productHttp.listByCategoryId(id)
            .then(res=>{
                this.products=res.data
            })
        }
    }
}
</script>
```

商品分类页跟首页商品展示不同，需要按类别展示，所以需要监听路由的变化，如果发生变化获取商品类别 id，从商品信息接口文件中获取对应类别的商品。在商品信息接口文件中添加商品分类接口，具体实现代码如下。

【api/product.js】商品信息接口文件。

```
const listByCategoryId=id=>{
    return axios.request({
        url:"/product/list",
        params:{"categoryId":id}
    })
}

export default{
    list,
    listByCategoryId
}
```

8.3.4　商品详情页开发

根据商品详情页面需求分析完成详情页面布局设计，如图 8-22 所示。

商品详情页面的主体由上至下包含 3 个部分，依次为：头部吸顶导航、商品详情展示、当前商品同类别商品展示。

该页面渲染需要两个数据，第一个数据是根据商品 id 查询出来的商品详情数据，另一个是根据商品类别 id 查询出来的商品分类列表，商品分类列表在前面已经讲解过，这里不再重复。前面讲过，同一个 id 的商品可以有不同的版本，为了页面渲染方便，要求后端传递的商品信息数据为以下格式：

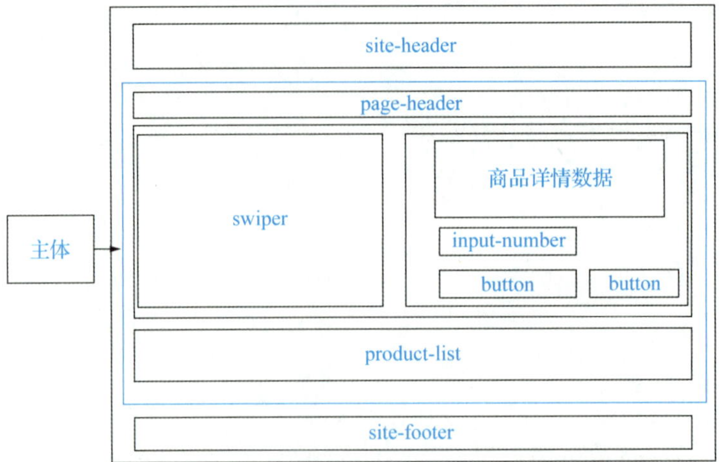

图 8-22　商品详情页面布局设计

以 id 为 1 的商品为例，category 表示当前商品的分类信息，details 表示当前商品对应的不同版本的详情数据。

【商品详情信息数据格式】

```
{
    "code":200,
    "data":{
        "category":[{"id":1…}],
        "details":[{"id":1…},{"id":2…}],
        "id":1,
        "name":"xxx",
    },
    "message":null
}
```

数据格式规范后，在详情页面定义 product 用来接收商品详情信息，定义 products 用来接收当前商品同类别的商品信息，商品分类的接口可直接使用，商品详情接口需在 product. js 中定义，具体实现如下。

【product. js】商品信息接口文件。

```
const getById=(id,detailId)=>{
    return axios.request({
        url:'/product/content/${id}',
        params:{detailId},
    })
}
export default{
    list,
    getById,
    listByCategoryId
}
```

商品详情页面具体实现如下。

【product-detail. Vue】商品详情页。

```
<template>
    <div v-if="product">
        <tan-page-header>{{product.name}}</tan-page-header>
        <div class="product-detail">
            <div class="body container">
                <div class="image-left">
                    <tan-swiper width="560px"height="560px":images="swiperImages">
</tan-swiper>
                </div>
                <div class="info">
                    <h2>{{product.name}}</h2>
                    <p class="description">{{product.description}}</p>
                    <p class="price">{{product.details[product.showIndex].salePrice}}
起</p>
                    <div class="line"></div>
                    <div class="option">
                        <h2 class="title">选择规格</h2>
                        <ul class="list">
                            <li
                                v-for="detail,index in product.details"
                                class="item"
                                :class="{active:product.showIndex==index}"
                                :key="detail.id"
                                @ click="product.showIndex=index"
                            >
                                {{detail.name}}
                            </li>
                        </ul>
                    </div>
                    <div class="number">
                        <h2 class="title">购买数量</h2>
                        <tan-input-number v-model="number":min="1"></tan-input-number>

                    </div>
                    <div class="btns">
                        <tan-button primary width="298px"height="52px"font-size="16px"
@ click="buy">立即购买</tan-button>
                        <tan-button gray width="140px"height="52px"font-size="16px"
@ click="addCart">加入购物车</tan-button>
                    </div>
                </div>
            </div>
        </div>
```

```
        <tan-product-list class="container":products="products":title="product.category[0].name"></tan-product-list>
    </div>
</template>

<script>
import swiper from"@ /components/swiper"
import productList from"@ /components/product-list"
import productHttp from"@ /api/product"
import{mapState,mapMutations}from"vuex"

export default{
    name:"ProductDetail",
    components:{"tan-swiper":swiper,"tan-product-list":productList},
    data(){
        return{
            number:1,
            swiperImages:[],
            product:null,
            products:[],
        }
    },
    computed:{
        ...mapState(["user",])
    },
    watch:{
        $route(newValue){
            this.loadProductContentById(newValue.params.id)
        },
    },
    mounted(){
        this.loadProductContentById(this.$route.params.id)
    },
    methods:{
        ...mapMutations(["setCarts"]),
        loadProductContentById(id){
            if(!id ||!/\d+/.test(id)){
                this.$error("商品 id 错误")
                return
            }
            productHttp.getById(id)
            .then(res=>{
                if(res.code !=200){
                    this.$warning(res.message)
                    return
                }
```

```
            this.product=res.data
            this.swiperImages.length=0
            this.product.details.forEach(e=>{
                this.swiperImages.push(e.image)
            })
            //如果相似商品没有加载
            if(! this.products.length)
            this.loadProductCategoryById(this.product.categoryId)
        })
    },
    loadProductCategoryById(id){
        productHttp.listByCategoryId(id)
        .then(resp=>{
            this.products=resp.data
        })
    }
  }
}
</script>
```

本页面数据渲染完成后，还有两个重要的功能：立即购买和加入购物车。无论是立即购买还是加入购物车，用户都必须登录，用户登录信息在 store.js 中已经共享，所以导入 store.js 模块获取用户登录状态即可。

首先定义一个 check( ) 方法，判断用户是否登录，如果没有登录，则提醒用户先登录，如果已经登录，则判断当前用户加购的数量是否大于库存，如果是，则提示用户库存不足，如果不是，则可以继续操作。

【product-detail.Vue】商品详情页。

```
methods:{
    check(){
        if(! this.user){
            this.$warning("请先登录")
            return
        }
        if(this.number >this.product.details[this.product.showIndex].stock){
            this.$warning("库存不足")
            return
        }
        return true
    }
}
```

接下来定义 addCart( ) 方法完成加入购物车功能，此功能主要是将商品 id，商品详情 id，商品数量以及用户 id 传给后端，具体实现如下。

【product-detail.Vue】商品详情页。

```
//购物车操作接口
```

```
import cartHttp from"@ /api/cart"
methods:{
    addCart(){
        if(! this.check())return
        let data={
            quantity:this.number,
            productId:this.product.id,
            detailId:this.product.details[this.product.showIndex].id,
            userId:this.user.id
        }
        cartHttp.addCart(data)
        .then(res=>{
            if(res.code==200)
            this.$success(res.message)
            else
            this.$warning(res.message)
        })
    }
}
```

addCart()方法调用了购物车操作接口，在 api 文件夹下新建一个 cart. js 文件，定义加入购物车接口，具体实现如下。

【api/cart. js】购物车操作接口。

```
import axios from"./axios"
const addCart=({quantity,productId,detailId,userId})=>{
    return axios.request({
        url:"/cart/add",
        method:"post",
        data:{quantity,productId,detailId,userId},
    })
}
export default{
    addCart
}
```

最后完成立即购买功能，为简化此功能，其本质实现和加入购物车一致，只是跳过购物车页直接定向到确认订单页，所以如果当前购物车中有选中的商品会一起提交，具体实现如下。

【product-detail. Vue】商品详情页。

```
methods:{
    buy(){
        if(! this.check())return
        let data={
            quantity:this.number,
            productId:this.product.id,
```

```
        detailId:this.product.details[this.product.showIndex].id,
        userId:this.user.id
      }
      cartHttp.addCart(data)
      .then(res=>{
        if(res.code==200)
        //直接跳转到订单确认页面
        //会给购物车中选中的商品一起结算
        this.$router.push({name:'buy'})
        else
        this.$warning(res.message)
      })
    }
}
```

8.3.5　购物车页开发

根据购物车页面需求分析完成购物车页面布局设计，如图 8-23 所示。

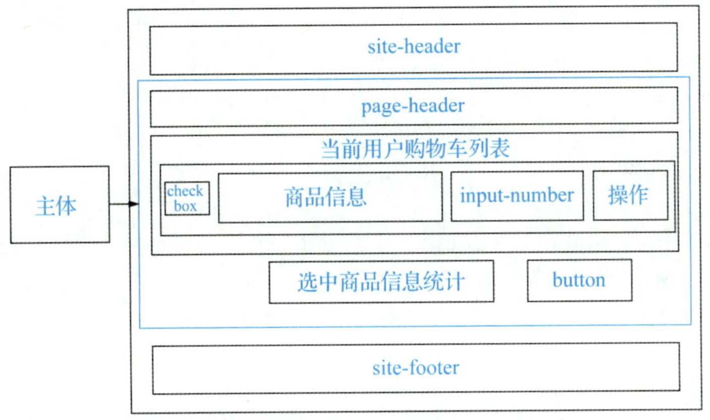

图 8-23　购物车页布局设计

首先需完成当前用户购物车列表的数据渲染，为便于前端渲染，要求列表数据以 json 格式传送数据，购物车列表数据格式要求如下。

购物车列表以数组的形式保存，product 表示当前购物车商品信息，detail 表示当前商品详情数据，id 表示购物车 id。

【购物车列表数据格式】

```
{
   "code":200,
   "data":[
      {
         "product":{"id":6…},
         "detail":{"id":13 …},
         "id":10,
         "checked":true,
         …
```

```
        "userId":2
      }
    ],
    "message":null
}
```

为获取购物车列表数据，在 cart. js 中定义获取购物车列表接口，购物车页还涉及删除商品、修改商品选中状态、修改商品数量接口，具体实现如下。

【api/cart. js】购物车操作接口。

```
import axios from". /axios"

const addCart=({quantity,productId,detailId,userId})=>{
    return axios. request({
        url:"/cart/add",
        method:"post",
        data:{quantity,productId,detailId,userId},
    })
}

const list=checked=>{
    return axios. request({
        url:"/cart/list",
        params:{checked}
    })
}

const deleteById=id=>{
    return axios. request({
        url:"/cart/delete",
        method:"post",
        data:{id}
    })
}

/* *
*
* @ param checked 选中或未选中
* @ param cartId 购物车 id,若空则更改全部
* @ returns
* /
const changeChecked=(checked,cartId=null)=>{
    return axios. request({
        url:"/cart/checked",
        method:"post",
        data:{checked,cartId}
```

```
    })
}

const changeQuantity=(cartId,quantity)=>{
    return axios.request({
        url:"/cart/quantity",
        method:"post",
        data:{quantity,cartId}
    })
}

export default{
    addCart,
    list,
    deleteById,
    changeChecked,
    changeQuantity,
}
```

接口定义好之后，完成购物车页的实现，具体代码如下。

【cart. Vue】购物车页面。

```
<template>
    <div>
        <tan-page-header>我的购物车</tan-page-header>
        <div class="container">
            <div v-if="carts.length"class="cart">
                <div class="list">
                    <div class="head">
                        <div class="check">
                            <tan-checkbox v-model="checkAll">全选</tan-checkbox>
                        </div>
                        <div class="img"> </div>
                        <div class="name">商品名称</div>
                        <div class="price">单价</div>
                        <div class="num">数量</div>
                        <div class="total">小计</div>
                        <div class="action">操作</div>
                    </div>
                    <ul class="body">
                        <li v-for="cart in carts"class="item":key="cart.id">
                            <div class="check">
                                <tan-checkbox v-model="cart.checked"
 @change="changeChecked(cart.id,cart.checked)"> </tan-checkbox>
                            </div>
                            <div class="img">
```

```
                <img:src="cart.detail.image":alt="cart.product.name+"+
cart.detail.name">
              </div>
              <div class="name">
                  <router-link:to="{name:'productDetail',params:{id:
cart.product.id}}">
                    <h3:title="cart.product.name+"+
cart.detail.name">{{cart.product.name+"+cart.detail.name}}</h3>
                </router-link>
              </div>
              <div class="price">{{cart.detail.salePrice}}元</div>
              <div class="num">
                <tan-input-number v-model="cart.quantity":min="1"
@ change="changeQuantity(cart)"></tan-input-number>
              </div>
              <div class="total">{{(cart.quantity * cart.detail.sale-
Price).toFixed(2)}}元</div>
              <div class="action">
                <span @ click="remove(cart.id)">×</span>
              </div>
            </li>
          </ul>
        </div>
        <div class="footer">
          <span class="total">
共
            <i>{{carts.length}}</i>
件商品,已选择
            <i>{{checkedCount}}</i>
件
          </span>
          <span class="total-price">
合计:
            <em>{{totalPrice}}</em>
元
            <tan-button primary font-size="18px"height="48px"width="
200px"
@ click="buy">去结算</tan-button>
          </span>
        </div>
      </div>
      <div v-else class="empty">
        <h2>您的购物车还是空的！</h2>
          <tan-button primary width="170px" height="48px" @ click="
$router.push({name:'index'})">马上去购物</tan-button>
```

```
            </div>
        </div>
    </div>
</template>

<script>
import{mapState}from"vuex"
import cartHttp from"@ /api/cart"

export default{
    name:"Cart",
    data(){
        return{
            carts:[]
        }
    },
    computed:{
        ...mapState(["user"])
    },
    mounted(){
        cartHttp.list()
        .then(res=>{
            if(res.code==200)
            this.carts=res.data
            else
            this.$warning(res.message)
        })
    }
}
</script>
```

接下来完成页面功能，给购物车中的商品设置一个 checked 的属性，checked 值为 1 的时候表示选中此商品，值为 0 表示未选中。

计算选中商品的总价 totalPrice，遍历购物车列表(carts)，将商品的售价 * 商品的数量 * 商品的 checked 值累加即可；计算选中商品数量 checkedCount，遍历购物车列表(carts)，将 checked 值为 1 的商品累加即可；全选功能，首先获取当前全选是否选中状态，遍历购物车列表(carts)，只要有一个商品是未选中的状态，说明当前是取消全选，如果全选值 checkAll 发生变化，则调用 changeChecked 更新当前选中状态。totalPrice、checkedCount 和 checkAll 需要实时更新，所以利用计算属性，具体实现如下。

【cart. Vue】购物车页面。

```
computed:{
    ...mapState(["user"]),
    totalPrice(){
        let total=0
```

```
        this. carts. forEach(e=>{
            total+=e.quantity * e.detail. salePrice * e. checked
        })
        return total. toFixed(2)
    },
    checkedCount(){
        let count=0
        this. carts. forEach(e=>{
            count+=e. checked
        })
        return count
    },
    checkAll:{
        get(){
            let checkAll=true
            this. carts. forEach(e=>{
                if(! e. checked){
                    checkAll=false
                    return
                }
            })
            return checkAll
        },
        set(value){
            cartHttp. changeChecked(value)
            . then(res=>{
                if(res. code==200){
                    this. carts. forEach(e=>{
                        e. checked=value
                    })
                    this. $success(res. message)
                }
                else this. $warning(res. message)
            })
        }
    }
},
methods:{
    changeChecked(cartId,checked){
        cartHttp. changeChecked(checked,cartId)
        . then(res=>{
            if(res. code ! =200)this. $warning(res. message)
        })
    }
}
```

定义 changeQuantity( ) 方法修改商品数量，定义 remove( ) 方法删除商品，修改商品数量和删除商品接口都已经定义好，直接调用即可，具体实现如下。

【cart. Vue】购物车页面。

```
methods:{
    remove(cartId){
        cartHttp.deleteById(cartId)
        .then(res=>{
            if(res.code==200){
                this.$success(res.message)
                let tmp=this.carts.filter(e=>e.id !=cartId)
                this.carts=tmp
            }
            else this.$warning(res.message)
        })
    },
    changeQuantity(cart){
        cartHttp.changeQuantity(cart.id,cart.quantity)
        .then(res=>{
            if(res.code !=200){
                cart.quantity=res.data
                this.$warning(res.message)
            }
        })
    }
}
```

点击“去结算”按钮跳转到确认订单页面，需要注意的是，如果当前商品都未选中是无法跳转的，具体实现如下。

【cart. Vue】购物车页面。

```
methods:{
    buy(){
        let checkeds=this.carts.filter(e=>e.checked)
        if(!checkeds.length){
            this.$warning("不能一个都不选哦")
            return
        }
        this.$router.push({name:'buy'})
    }
}
```

8. 3. 6　确认订单页开发

根据确认订单页需求，完成确认订单页页面设计，具体如图 8-24 所示。

确认订单页需要渲染地址列表，调用地址列表组件(address-list)，根据地址列表的组件数据需求，地址列表是一个对象数组格式。商品数据展示，其实就是将购物车选中的数据展示出来，其数据格式跟购物车数据格式一致，在 api 文件夹下新建 contact. js 和 order. js，contact. js

是地址接口，用于获取地址列表，order. js 是确认订单操作接口，包括获取选中商品列表、提交订单以及确认支付接口，具体实现如下。

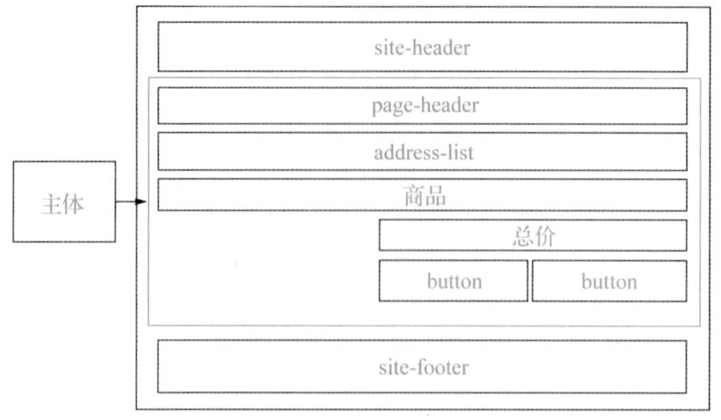

图 8-24　确认订单页面设计

【api/contact. js】地址接口。

```
import axios from"./axios"
const list=()=>{
    return axios.request({
        url:"/contact/list"
    })
}
export default{
    list
}
```

【api/order. js】确认订单操作接口。

```
import axios from"./axios"
const buy=(contactId,products)=>{
    let tmp=new Array()
    for(let p of products)
        tmp.push({quantity:p.quantity,productId:p.productId,detailId:p.detailId,
cartId:p.id})
    return axios.request({
        url:"/order/buy",
        method:"post",
        data:{contactId,products:tmp}
    })
}
const pay=id=>{
    return axios.request({
        url:"/order/pay",
        method:"post",
        data:{id}
    })
}
```

```
export default{
    buy,
pay
}
```

数据格式和接口确定好之后，完成确认订单页，具体实现代码如下。

【buy. Vue】确认订单页。

```
<template>
    <div>
        <tan-page-header>确认订单</tan-page-header>
        <div class="buy container">
            <div class="body">
                <div class="address">
                    <h3 class="header">收货地址</h3>
                    <tan-address-list:contacts="contacts":current-id="contactCur-
rentId"
@ click="contactCurrentId= $event"></tan-address-list>
                </div>
                <div class="products">
                    <h3 class="header">商品</h3>
                    <ul class="list">
                        <li v-for="cart in carts":key="cart. id"class="item">
                            <div class="img">
                                <img:src="cart. detail. image">
                            </div>
                            <div class="name":title="cart. product. name+"+
cart. detail. name">{{cart. product. name+""+cart. detail. name}}</div>
                            <div class="price-box">
                                <span class="price">{{cart. detail. salePrice}}×{{cart.
quantity}}
                                </span>
                                <span class="total">{{(cart. detail. salePrice * cart.
quantity). toFixed(2)}}元</span>
                            </div>
                        </li>
                    </ul>
                </div>
                <div class="total-price">
                    <h3 class="header">小计</h3>
                    <div class="price">
                        <span class="text">应付总额:</span>
                        <span class="money">
                            <em>{{totalPrice}}</em>
                        元
                        </span>
```

```
                </div>
            </div>
        </div>
        <div class="footer">
            <div v-if="currentContact"class="address">
                <div class = " info " > {{ currentContact. name +"" + currentContact. telephone}}</div>
                <div class="description">{{currentContact. address}}</div>
            </div>
            <div class="btns">
                <tan-button width="160px"height="40px"@ click=" $router. go(-1)">返回购物车
                </tan-button>
                <tan-button primary width="160px"height="40px"@ click="buy">立即下单
                </tan-button>
            </div>
        </div>
    </div>
    <tan-modal
        footer
        title="确认付款"
        :visible="visible"
        @ close="closePay"
    >
        <div>
            <h2>立即支付? </h2>
        </div>
        <template v-slot:footer>
            <tan-button primary width="160px"height="40px"@ click="pay">立即支付</tan-button>
            <tan-button gray width="160px"height="40px"@ click="closePay">取消</tan-button>
        </template>
    </tan-modal>
  </div>
</template>

<script>
import addressList from"@ /components/address-list"
import contactHttp from"@ /api/contact"
import cartHttp from"@ /api/cart"
import orderHttp from"@ /api/order"
import modal from"@ /components/modal"

export default{
```

```
    name:"Buy",
    components:{"tan-address-list":addressList,"tan-modal":modal,},
    data(){
        return{
            contacts:[],
            contactCurrentId:null,
            visible:false,
            orderId:null,
            carts:new Array(),
        }
    },
    computed:{
        totalPrice(){
            let total=0
            this.carts.forEach(e=>{
                total+=e.quantity * e.detail.salePrice * e.checked
            })
            return total.toFixed(2)
        },
        currentContact(){
            if(! this.contactCurrentId)return
            for(let tmp of this.contacts)
            if(tmp.id==this.contactCurrentId)return tmp
            return
        }
    },
    mounted(){
        this.getCarts()
        this.getContactList()
    },
    methods:{
        getCarts(){
            cartHttp.list(true)
            .then(res=>{
                if(res.code==200)this.carts=res.data
                else this.$warning(res.message)
            })
        },
        getContactList(){
            contactHttp.list()
            .then(res=>{
                if(res.code==200)this.contacts=res.data
                else this.$warning(res.message)
            })
        },
        buy(){
```

```
        if(! this.currentContact){
            this. $warning("请选择联系人")
            return
        }
        orderHttp.buy(this.contactCurrentId,this.carts)
        .then(res=>{
            if(res.code==200){
                this.visible=true
                this.orderId=res.data
            }
            else this. $warning(res.message)
        })
    },
    pay(){
        orderHttp.pay(this.orderId)
        .then(res=>{
            if(res.code==200)this. $success(res.message)
            else this. $warning(res.message)
            this. $router.push({name:"orderList"})
        })
    },
    closePay(){
        this.visible=false
        this. $router.push({name:"orderList"})
    }
  }
}
</script>
```

8.3.7 个人订单页开发

根据个人订单页的需求，完成个人订单页布局设计，如图 8-25 所示。

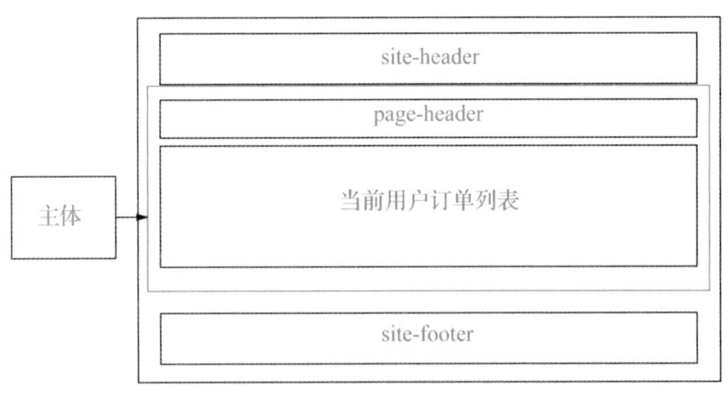

图 8-25 个人订单页布局设计

个人订单页面主要是用户订单列表的渲染，因为一个订单可能有好几个商品，为了便于渲染，要求订单列表格式如下。

details 表示订单中商品详情，contact 表示收货地址信息，id 表示订单 id。

【数据格式规范】

```
"data":[{
    "details":[{"id":24…},{"id":25…}],
    "contact":[{"id":1…}],
    "id":"202153142542591",
    …
    "userId":2
}]
```

订单中有“已支付”和“未支付”，使用 paid 属性表示支付与否，如果 paid 值为 1，表示已支付，值为 0 表示未支付，所以在 order. js 中添加获取订单列表接口，具体实现如下。

【api/order. js】确认订单操作接口。

```
const list=()=>{
    return axios.request({
        url:"/order/list"
    })
}
export default{
    list
}
```

个人订单页面实现代码如下。

【order-list. Vue】个人订单页面。

```
<template>
    <div class="order-list">
        <div class="header">
            <h1 class="title">我的订单</h1>
            <div class="more">
                <ul class="filter-list">
                    <li class="item":class="{active:type==0}"@ click="type=0">全
部订单</li>
                    <li class="item":class="{active:type==1}"@ click="type=1">已
支付</li>
                    <li class="item":class="{active:type==2}"@ click="type=2">未
支付</li>
                </ul>
                <div class="search">
                    <input type="text">
                    <button type="button">&#128269;</button>
                </div>
            </div>
        </div>
        <div class="body">
            <ul class="list">
```

```
            <li v-for="order in orders"class="item":key="order. id">
                <div class="header">
                    <span class="status">{{order. paid ?"已支付":"未支付"}}</
span>
                    <div class="info">
                        <span class="time">{{order. createTime}}</span>
                        <span class="name">{{order. contact. name}}</span>
                        <span class="order-id">订单号:<i>{{order. id}}</i></
span>
                        <span class="price">
                            实付金额:
                            <em>{{order. price}}</em>
                            元
                        </span>
                    </div>
                </div>
                <ul class="list">
                    <li v-for="detail in order. details":key="detail. id"class="
item">
                        <div v-if="detail. product">
                            <div class="img">
                                <img:src="detail. product. details. image"alt="">
                            </div>
                            <div class="info">
                                <router-link class="name":to="{name:'productDe-
tail',params:{id:detail. productId}}">
                                                    {{ detail. product. name + "" +
detail. product. details. name}}
                                </router-link>
                                                    < span  class = " quantity " >
{{detail. product. details. salePrice+"* "+detail. quantity}}</span>
                            </div>
                        </div>
                    </li>
                </ul>
            </li>
        </ul>
    </div>
  </div>
</template>

<script>
import orderHttp from"@ /api/order"
import productHttp from"@ /api/product"
export default{
   name:"OrderList",
```

```
    data(){
        return{
            //全部的订单信息,默认不显示
            orders:[],
            _orders:[],
            type:0,
        }
    },
    watch:{
        type(value){
            switch (value){
                case 0:
                this.orders=this._orders
                break
                case 1:
                this.orders=this._orders.filter(e=>e.paid)
                break
                case 2:
                this.orders=this._orders.filter(e=>! e.paid)
                break
            }
        }
    },
    mounted(){
        orderHttp.list()
        .then(res=>{
            if(res.code==200){
                //默认显示全部
                this._orders=res.data
                this._orders.forEach(e=>{
                    e.details.forEach(d=>{
                        productHttp.getById(d.productId,d.detailId)
                        .then(res=>{
                            if(res.code==200)
                            this.$set(d,"product",res.data)
                        })
                    })
                })
                this.orders=this._orders
            }
            else this.$warning(res.message)
        })
    }
}
</script>
```

8.4 数据库设计

根据项目要求来完成数据库的设计。本项目一共需要 8 张表，分别为用户表(user)、商品分类表(product_ category)、商品表(product)、商品详情表(product_ detail)、购物车表(cart)、订单表(order)、订单详情表(order_ detail)和收货地址表(contact)。

8.4.1 用户表(user)

用户表主要包括 7 个字段，具体见表 8-1。

表 8-1 用户表

字段名	字段说明	字段类型	是否允许为空	备注
id	用户 id	int	否	主键(自增)
username	用户名	varchar	否	
password	密码	varchar	否	
email	邮箱	varchar	否	
avatar	头像	varchar	否	
create_ time	创建时间	datetime	否	默认值：CURRENT_ TIMESTAMP
update_ time	更新时间	datetime	否	默认值：CURRENT_ TIMESTAMP

8.4.2 商品分类表(product_ category)

商品分类表包含 4 个字段，具体见表 8-2。

表 8-2 商品分类表

字段名	字段说明	字段类型	是否允许为空	备注
id	商品类别 id	int	否	主键(自增)
name	商品类别名	varchar	否	
create_ time	创建时间	datetime	否	默认值：CURRENT_ TIMESTAMP
update_ time	更新时间	datetime	否	默认值：CURRENT_ TIMESTAMP

8.4.3 商品表(product)

商品表包含 7 个字段，具体见表 8-3。

表 8-3 商品表

字段名	字段说明	字段类型	是否允许为空	备注
id	商品 id	int	否	主键(自增)

续表

字段名	字段说明	字段类型	是否允许为空	备注
name	商品名称	varchar	否	
description	商品描述	text	否	
show_ index	展示索引	int	否	一个商品下有不同版本，默认展示版本索引
create_ time	创建时间	datetime	否	默认值：CURRENT_ TIMESTAMP
update_ time	更新时间	datetime	否	默认值：CURRENT_ TIMESTAMP
category_ id	类别 id	int	否	外键，关联商品分类表

8.4.4 商品详情表(product_ detail)

商品详情表包含 9 个字段，具体见表 8-4。

表 8-4 商品详情表

字段名	字段说明	字段类型	是否允许为空	备注
id	商品详情 id	int	否	主键(自增)
name	商品版本名	varchar	否	
stock	商品库存	int	否	
price	商品原价	varchar	否	
sale_ price	商品售价	varchar	否	
image	商品图片	text	否	
create_ time	创建时间	datetime	否	默认值：CURRENT_ TIMESTAMP
update_ time	更新时间	datetime	否	默认值：CURRENT_ TIMESTAMP
product_ id	商品 id	int	否	外键，关联商品表

8.4.5 购物车表(cart)

购物车表包含 8 个字段，具体见表 8-5。

表 8-5 购物车表

字段名	字段说明	字段类型	是否允许为空	备注
id	购物车 id	int	否	主键(自增)
checked	是否勾选	tinyint	否	1 表示勾选，0 表示未选
quantity	数量	int	否	

续表

字段名	字段说明	字段类型	是否允许为空	备注
create_ time	创建时间	datetime	否	默认值： CURRENT_ TIMESTAMP
update_ time	更新时间	datetime	否	默认值： CURRENT_ TIMESTAMP
product_ id	商品 id	int	否	外键，关联商品表
detail_ id	商品详情 id	int	否	外键，关联商品详情表
user_ id	用户 id	int	否	外键，关联用户表

8. 4. 6　订单表(order)

订单表包含 7 个字段，具体见表 8-6。

表 8-6　订单表

字段名	字段说明	字段类型	是否允许为空	备注
id	订单 id	varchar	否	主键(自增)
price	订单总价	varchar	否	
paid	是否支付	tinyint	否	1 表示已支付，0 表示未支付
create_ time	创建时间	datetime	否	默认值： CURRENT_ TIMESTAMP
update_ time	更新时间	datetime	否	默认值： CURRENT_ TIMESTAMP
contact_ id	收货地址 id	int	否	外键，关联收货地址表
user_ id	用户 id	int	否	外键，关联用户表

8. 4. 7　订单详情表(order_ detail)

订单详情表包含 7 个字段，具体见表 8-7。

表 8-7　订单详情表

字段名	字段说明	字段类型	是否允许为空	备注
id	订单详情 id	int	否	主键(自增)
quantity	数量	int	否	
create_ time	创建时间	datetime	否	默认值： CURRENT_ TIMESTAMP
update_ time	更新时间	datetime	否	默认值： CURRENT_ TIMESTAMP
order_ id	订单 id	varchar		外键，关联订单表
product_ id	商品 id	int	否	外键，关联商品表

续表

字段名	字段说明	字段类型	是否允许为空	备注
detail_ id	商品详情 id	int	否	外键，关联商品详情表

8.4.8　收货地址表(contact)

收货地址表包含 8 个字段，具体见表 8-8。

表 8-8　收货地址表

字段名	字段说明	字段类型	是否允许为空	备注
id	收货地址 id	int	否	主键(自增)
name	收货人	varchar	否	
telephone	电话	tinyint	否	
address	地址	text	否	
tag	标签	varchar	否	
create_ time	创建时间	datetime	否	默认值： CURRENT_ TIMESTAMP
update_ time	更新时间	datetime	否	默认值： CURRENT_ TIMESTAMP
user_ id	用户 id	int	否	外键，关联用户表

8.5　后端 API 开发

前端页面和数据库设计完成后，一起来完成后端 API。在本章节前面已经说过，本项目后端使用 Node. js+express，连接 mysql 数据库，首先在 MoreMall 文件夹下，使用 express 命令快速创建项目：

```
express server
```

安装以下第三方包：

```
npm install express  express-session  moment  morgan  mysql  node-dev
```

在 server 下新建子文件夹 commons，用作存储配置文件，在 server 下新建子文件夹 controllers 用作存储业务逻辑处理文件，下面介绍“MoreMall”网上商城的后端 server 目录结构，具体如下：

(1) bin：放置是和启动相关的业务逻辑，express 已封装好；

(2) commons：配置文件、封装公用函数等；

(3) controllers：业务逻辑处理文件；

(4) node_ modules：第三方模块包；

(5) public：静态资源；

(6) routes：路由文件；

(7) App. js：项目入口文件。

8.5.1 服务器搭建

在 commons 文件夹下新建 settings.js，用作配置文件，相关配置如下。

【commons/settings.js】配置文件。

```
module.exports={
    DB_HOST:"127.0.0.1",
    DB_PORT:"3306",
    DB_USER:"root",
    DB_PASSWORD:"root",
    DB_DATABASE:"mall",
    DEFAULT_AVATAR:"http://127.0.0.1:3000/public/images/avatar.jpg",
    ALLOW_ORIGIN:"http://127.0.0.1:8080",
    ALLOW_HEADER:"content-type",
    ALLOW_METHOD:"POST,GET",
    ALLOW_CREDENTIAL:true,
    REQUEST_PREFIX:"api",
    SESSION_SECRET:"moremall",
    REQUIRE_LOGIN_URLS:["/user/profile","/cart/add","/cart/list","/cart/checked","/cart/quantity","/contact/list","/order/buy","/order/pay","/order/list"]
}
```

因为前端接收的数据都是 json 格式，所以在 commons 文件夹下新建一个 JSONResponse.js 文件，用来控制返回 json 的格式，具体实现如下。

【commons/JSONResponse.js】控制返回 json 的数据格式。

```
/**
* 控制返回 json 的格式
* @param code 代码
* @param data 数据
* @param message 信息
* @returns
*/
function _response(code,data,message){
    return{code,data,message}
}
/**
* 控制返回 json 的格式
* @param code 代码
* @param data 数据
* @param message 信息
* @returns
*/
module.exports.response=(code,data,message)=>{
    return _response(code,data,message)
}
```

```
/**
* 成功
*  @ param data
*  @ param code 可选,默认 200
*  @ param message 可选
*/
module.exports.success=(data,code=200,message=null)=>{
    return _response(code,data,message)
}

/**
* 失败
*  @ param code
*  @ param message
*  @ param data 可选
*/
module.exports.fail=(message,code,data=null)=>{
    return _response(code,data,message)
}
```

接下来，完成服务器的搭建，本项目用户登录状态存储使用 session，所以在服务器中需配置 session；公开 public 中的静态资源；因为是前后端分离的项目，所以还需要解决跨域问题；本项目相关的操作除了用户浏览商品外，其他的操作都需要登录，所以配置中间件，进行拦截处理，具体实现如下。

【App.js】项目入口文件。

```
let express=require("express")
let morgan=require("morgan")
const session=require('express-session')
let settings=require("./commons/settings")
let JSONResponse=require("./commons/JSONResponse")
let app=express()
app.use(session({
    secret:settings.SESSION_SECRET,
    resave:false,
    saveUninitialized:true
}))
//公开静态资源
app.use('/public/',express.static('./public/'))
//请求日志
app.use(morgan("dev"))
//解决跨域,所有路径
app.all("*",(req,resp,next)=>{
    //设置允许跨域的域名,* 代表允许任意域名跨域
    resp.header("Access-Control-Allow-Origin",settings.ALLOW_ORIGIN)
```

```
    //允许的 header 类型
    resp.header("Access-Control-Allow-Headers",settings.ALLOW_HEADER)
    //允许的请求方式
    resp.header("Access-Control-Allow-Methods",settings.ALLOW_METHOD)
    //允许携带 cookie
    resp.header("Access-Control-Allow-Credentials",settings.ALLOW_CREDENTIAL)
    //让 options 尝试请求快速结束
    if(req.method.toLowerCase()=="options")resp.send(200);
    else next();
})
//让 express 处理 json 数据
app.use(express.json())
//中间件,这些接口要登录
app.use("/",(req,resp,next)=>{
    if(settings.REQUIRE_LOGIN_URLS.includes(req.path.replace('/${settings.REQUEST_PREFIX}',""))&&!req.session.user){
        resp.json(JSONResponse.fail("请先登录",401))
        return
    }
    next()
})
module.exports=app
```

8.5.2 商城首页数据

为了便于操作数据库，在 commons 文件夹下新建一个 db.js 用于连接数据库，具体实现代码如下。

【db.js】数据库操作文件。

```
/**
* 操作数据库
*/
let settings=require("./settings")
let mysql=require("mysql")
// mysql 链接属性
let options={
    host:settings.DB_HOST,
    port:settings.DB_PORT,
    user:settings.DB_USER,
    password:settings.DB_PASSWORD,
    database:settings.DB_DATABASE
}
//创建数据库连接池
let pool=mysql.createPool(options)
```

数据库中属性的命名使用的是连接符“_ ”的形式，但是在前端使用的是驼峰形式的命名，所以响应数据时，需要将连接符形式转换为驼峰形式命名，在 db.js 中定义方法 transformMain()，实现将响应数据中所有连接符形式的字段名转换为驼峰形式，具体实现代码如下。

【db. js】数据库操作文件。

```
* *
* 给字段名从下划线命名变成驼峰命名
*  @ param field
*  @ returns
* /
function _transform(field){
    let tmp=field.split("")
    let index=0
    while((index=tmp.indexOf("_"))! =-1)
        if(index ! =tmp.length-1)
            tmp.splice(index,2,tmp[index+1].toUpperCase())
        else
            tmp.splice(index,1)
    return tmp.join("")
}

function transformMain(obj){
    if(! obj ||typeof obj==="string")return
    //这里的 obj 可能是数组,可能是对象
    for(let field in obj){
        let newFieldName=field
        //到字段了
        if(typeof field==="string"&& field.indexOf("_")! =-1){
            newFieldName=_transform(field)
            obj[newFieldName]=obj[field]
            delete obj[field]
        }
        transformMain(obj[newFieldName])
    }
}
```

因为前端所要求的数据格式和 Node. js 中查询出来的数据格式不一致，为了便于数据库操作，定义一个 baseQuery( ) 方法，用来封装一个 sql 语句执行的函数，返回值为 Promise，这样既可以使用 . then( )，也可以使用 await，具体实现如下。

【db. js】数据库操作文件。

```
/* *
* 封装一个 sql 语句执行的函数,返回值为 Promise,这样既可以使用 .then(),也可以使用 await
*  @ param sql sql 语句
*  @ param one 是否只查询第一条
*  @ param isJoin 是否是连接查询
*  @ param childArray 子数据是否为数组
*  @ param args sql 的参数,可变长度
*  @ returns
```

```
* /
function baseQuery(sql,one,isJoin,childArray,args){
    return new Promise((resolve,reject)=>{
        //从连接池里获取一个连接
        pool.getConnection((err,connection)=>{
            //处理获取链接时异常
            if(err)reject(err)
            connection.query(sql,args,(err,result)=>{
                //执行 sql 时出现了异常
                if(err)reject(err)
                //正常返回
                else  {
                    //给字段名从下划线命名变成驼峰命名
                    transformMain(result)
                    //处理连接查询
                    if(result.length ! =0 && isJoin){
                        let fields=new Array()
                        for(let field in result[0])
                        fields.push(field)
                        //检查是否有 main
                        let notMain=true
                        for(let field of fields)
                        if(field=="main")notMain=false
                        if(notMain)throw Error("不知道哪个是主表,主表请起别名为 main")
                        for(let obj of result){
                        Object.assign(obj,obj.main)
                        delete obj.main
                        }
                        for(let i=0;i< result.length;i++){
                            //指定子数据为数组
                            if(childArray){
                                for(let field of fields){
                                    //排除 main 字段
                                    if(field=="main")continue
                                    result[i][field]=new Array(result[i][field])
                                }
                            }
                            for(let j=i+1;j< result.length;j++){
                                if(result[i].id==result[j].id){
                                    for(let field of fields){
                                        //排除 main 字段
                                        if(field=="main")continue
                                        //排除一样的对象
                                            if((! Array.isArray(result[i][field])&&
result[i][field].id==result[j][field].id)||(Array.isArray(result[i][field])&&
result[i][field][0].id==result[j][field].id))continue
```

```
                        //不是数组
                        if(! Array.isArray(result[i][field]))
                        result[i][field]=new Array(result[i][field])
                        result[i][field].push(result[j][field])
                    }
                    //因为删除了一个数据,所以 j 需要减 1,不然会跳过原本的下一
个数据
                    result.splice(j--,1)
                }
            }
        }
    }
    if(Array.isArray(result)&& one)resolve(result[0])
    resolve(result)
   }
   //释放连接
   connection.release()
  })
 })
})
}
```

baseQuery()方法最主要的作用是根据不同情况的查询将查询结果处理为要求的数据格式，在 Node.js 中做连接查询时，返回的是数组并且可能会出现重复的数据，所以 baseQuery()中对连接查询要求将主表取别名为 main，如果子数据有多个，删除重复数据并将子数据以数组的形式返回，下面针对不同的数据库操作封装不同的函数，具体实现如下：

【db.js】数据库操作文件。

```
/* *
* 鉴别 sql 是否允许运行
*  @ param sql sql 语句
*  @ param statement 允许的语句
* /
function allowSQLStatement(sql,statements){
    let tmp=sql
    if(typeof sql==="object")
    tmp=sql.sql
    if(! Array.isArray(statements))throw new Error("statement 必须是数组")
    for(let i of statements) if(tmp.startsWith(i) || tmp.startsWith(i.toUpperCase
()))return true
    return false
}

const QUERY_STATEMENTS=["select",]
const UPDATE_STATEMENTS=["update","insert","delete"]
```

```
/**
* 查询多条数据,仅使用于 select 语句
* @param sql sql 语句
* @param args sql 的参数,可变长度
* @returns
*/
function query(sql,...args){
    if(! allowSQLStatement(sql,QUERY_STATEMENTS))throw new Error('[${sql}]不是一条查询语句')
    return baseQuery(sql,false,false,false,args)
}

/**
* 查询单条数据,如果有多条,返回第一条,仅使用于 select 语句
* @param sql sql
* @param args sql 的参数,可变长度
*/
function queryOne(sql,...args){
    if(! allowSQLStatement(sql,QUERY_STATEMENTS))throw new Error('[${sql}]不是一条查询语句')
    return baseQuery(sql,true,false,false,args)
}

/**
* 更新数据库操作,如 update、insert、delete 语句等
* @param sql sql
* @param args sql 的参数,可变长度
* @returns
*/
function update(sql,...args){
    if(! allowSQLStatement(sql,UPDATE_STATEMENTS))throw new Error('[${sql}]不是一条更新数据库的语句')
    return baseQuery(sql,false,false,false,args)
}

/**
* 连接查询
* @param{string}sql sql 语句
* @param{boolean}isOne 是否查询一个
* @param{boolean}childArray 子数据是否为数组
* @param{...any}args 参数
*/
function joinQuery(sql,isOne,childArray,...args){
    if(! allowSQLStatement(sql,QUERY_STATEMENTS))throw new Error('[${sql}]不是一条查询语句')
    return baseQuery({sql,nestTables:true},isOne,true,childArray,args)
```

```
}

module.exports={query,queryOne,update,joinQuery}
```

数据库操作函数封装好之后，按照不同的操作选择对应的函数调用即可。

接下来完成首页数据接口，首页需要渲染的数据有商品类别、所有商品数据(包含商品表和商品详情表)，在 routes 文件夹下新建 ProductCategoryRouter.js，完成获取商品分类路由设计，App.js 中导入并挂载商品分类路由，具体实现如下。

【ProductCategoryRouter.js】商品分类路由。

```
let express=require('express')
let router=express.Router()
let productCategoryController = require ( "../controllers/ProductCategoryCon-
troller")
router.get("/list",productCategoryController.list)
module.exports=router
```

【App.js】项目入口文件。

```
let productCategoryRouter=require("./routes/ProductCategoryRouter")
app.use('/${settings.REQUEST_PREFIX}/category',productCategoryRouter)
```

在 controllers 文件夹下新建 ProductCategoryController.js 文件，完成商品分类数据查询，商品分类查询只涉及商品分类表，所以调用 db.query()方法即可，具体实现如下。

【ProductCategoryController.js】商品分类查询。

```
let db=require("../commons/db")
let JSONResponse=require("../commons/JSONResponse")
/**
* 获取商品分类列表
* @param req
* @param resp
*/
exports.list=(req,resp)=>{
    db.query("select * from product_category")
    .then(res=>{
        resp.json(JSONResponse.success(res))
    })
}
```

在 routes 文件夹下新建 ProductRouter.js，完成获取商品信息路由设计，App.js 中导入并挂载商品信息接口路由，具体实现如下。

【ProductRouter.js】商品信息接口路由。

```
let express=require('express')
let router=express.Router()
let productController=require("../controllers/ProductController")
router.get("/list",productController.list)
module.exports=router
```

【App. js】项目入口文件。

```
let productRouter=require("./routes/ProductRouter")
app.use('/${settings.REQUEST_PREFIX}/product',productRouter)
```

在 controllers 文件夹下新建 ProductController. js 文件，完成商品信息数据查询，商品信息涉及商品表以及商品详情表，所以需要调用 db. joinQuery ( )方法，具体实现如下。

【ProductController. js】商品信息数据操作。

```
let db=require("../commons/db")
let JSONResponse=require("../commons/JSONResponse")

/**
* 获取商品列表
* @param req
* @param resp
*/
exports.list=(req,resp)=>{
    let sql ="select * from product main left join product_detail details on details.product_id=main.id"
    db.joinQuery(sql,false,true)
    .then(res=>{
        resp.json(JSONResponse.success(res))
    })
}
```

8.5.3 商品分类页

在查询所有商品信息时，将商品类别 id 传过去即可查询某类别的所有商品，所以将 ProductController. js 中获取商品列表操作修改如下。

【ProductController. js】商品信息数据操作。

```
//获取商品列表
exports.list=(req,resp)=>{
    let categoryId=req.query.categoryId
    let sql ="select * from product main left join product_detail details on details.product_id=main.id"
    if(categoryId) sql="select * from product main left join product_detail details on details.product_id=main.id where main.category_id=?"
    db.joinQuery(sql,false,true,categoryId)
    .then(res=>{
        resp.json(JSONResponse.success(res))
    })
}
```

8.5.4 商品详情页

获取商品详情是根据商品 id 查询信息，因为还需要知道当前商品属于哪一个类别，所以涉及商品分类表、商品表和商品详情表，在 ProductRouter. js 中添加以下代码。

【**ProductRouter. js**】商品信息接口路由。

```
router.get("/content/:id(\\d+)",productController.getById)
```

在 ProductController. js 添加查询指定商品详情操作，具体实现如下。

【**ProductController. js**】商品信息数据操作。

```
/* *
* 根据商品 id 获取商品信息
*  @ param req
*  @ param resp
* /
exports.getById=(req,resp)=>{
    let id=req.params.id
    let detailId=req.query.detailId
    let sql ="select *  from product main left join product_category category on main.category_id=category.id left join product_detail details on details.product_id=main.id where main.id=?"
    if(detailId)sql+="and details.id=?"
    db.joinQuery(sql,true,detailId ? false:true,id,detailId)
    .then(res=>{
        if(res)
        resp.json(JSONResponse.success(res))
        else
        resp.json(JSONResponse.fail("找不到商品",404))
    })
}
```

8.5.5　用户操作

用户操作主要涉及搭配注册、登录和获取用户信息，在 routes 文件夹下新建 UserRouter. js，完成用户操作路由设计，App. js 中导入并挂载用户操作接口路由，具体实现如下。

【**App. js**】项目入口文件。

```
let userRouter=require("./routes/UserRouter")
    app.use('/${settings.REQUEST_PREFIX}/user',userRouter)
```

【**UserRouter. js**】用户操作路由。

```
let express=require('express')
let router=express.Router()
let userController=require("../controllers/UserController")
router.post("/login",userController.login)
router.post("/register",userController.register)
router.get("/profile",userController.profile)
module.exports=router
```

在 controllers 文件夹下新建 UserController. js 文件，完成用户操作业务处理。首先完成注册功能，注册要求用户填写用户名、密码和邮箱，用户名和邮箱必须唯一，具体实现如下。

【UserController.js】用户操作。

```
let db=require("../commons/db")
let JSONResponse=require("../commons/JSONResponse")
let settings=require("../commons/settings")

/**
* 注册
*  @param req
*  @param resp
*/
exports.register=(req,resp)=>{
    let username=req.body.username
    let password=req.body.password
    let email=req.body.email
    //验证账号密码
    if(! username){
        resp.json(JSONResponse.fail("用户名不能为空",400))
        return
    }
    if(! password){
        resp.json(JSONResponse.fail("密码不能为空",400))
        return
    }
    if(! email){
        resp.json(JSONResponse.fail("邮箱地址不能为空",400))
        return
    }
    //查看数据库是否已有该账号或邮箱
    db.queryOne("select count(*)as count from user where username=? or email=?",
username,email)
    .then(res=>{
        //不为0则有
        if(res.count){
            resp.json(JSONResponse.fail("用户名或者邮箱已经被使用啦",400))
            return
        }
          db.update("insert into user(username,password,email,avatar)values
(?,?,?,?)",username,password,email,settings.DEFAULT_AVATAR)
        .then(res=>{
            console.log(res)
            //是否插入成功,affectedRows是受影响的行数,为0则失败
            if(res.affectedRows)resp.json(JSONResponse.success(null,200,"注册成功,
赶紧登录吧"))
            else resp.json(JSONResponse.fail("注册失败",500))
        })
```

```
        .catch(err=>{
            console.log(err)
            resp.json(JSONResponse.fail("注册失败",500))
        })
    })
}
```

注册只进行了非空验证，读者可根据需求完善用户名、密码以及邮箱的格式验证。

登录只需要根据用户输入的用户名和邮箱去用户表中查询，如果有返回结果，将用户信息存储到 session 中，如果没有返回结果，说明用户输入的用户名或者邮箱有误，具体实现如下。

【UserController.js】用户操作。

```
/**
* 登录
* @param req
* @param resp
*/
exports.login=(req,resp)=>{
    let username=req.body.username
    let password=req.body.password
    //验证账号密码
    if(! username){
        resp.json(JSONResponse.fail("用户名不能为空",400))
        return
    }
    if(! password){
        resp.json(JSONResponse.fail("密码不能为空",400))
        return
    }
    //根据用户输入的用户名和密码查询是否存在该用户以及密码是否正确
    db.queryOne("select * from user where username=? and password=?",username,
password)
    .then(res=>{
        if(res){
            req.session.user=res
            resp.json(JSONResponse.success(null,200,"登录成功"))
        }
        else resp.json(JSONResponse.fail("用户名或密码错误"))
    })
}
```

用户登录后，如果需要获取用户信息，从存储的 session 中获取即可，具体实现如下。

【UserController.js】用户操作。

```
/**
* 获取登录用户信息
* @param req
```

```
* @ param resp
* /
exports.profile=(req,resp)=>{
    let sessionUser={}
    Object.assign(sessionUser,req.session.user)
    delete sessionUser.password
    resp.json(JSONResponse.success(sessionUser))
}
```

8.5.6 商品购买

商品购买主要涉及从详情页面将商品加入购物车、购物车页面商品的展示、商品删除、修改商品选中状态、修改商品数量。在 routes 文件夹下新建 CartRouter.js，完成商品购买路由设计，App.js 中导入并挂载此路由，具体实现如下。

【**App.js**】项目入口文件。

```
let cartRouter=require("./routes/CartRouter")
app.use('/${settings.REQUEST_PREFIX}/cart',cartRoter)
```

【**CartRouter.js**】商品购买操作。

```
let express=require('express')
let router=express.Router()
let cartController=require("../controllers/CartController")
router.post("/add",cartController.addCart)
router.get("/list",cartController.listByUserId)
router.post("/delete",cartController.deleteById)
router.post("/checked",cartController.changeChecked)
router.post("/quantity",cartController.changeQuantity)
module.exports=router
```

在 controllers 文件夹下新建 CartController.js 文件，完成商品购买业务处理。用户触发“加入购物车”按钮时，首先需要判断在购物车表中是否已存在该商品(版本也要一致)，如果存在，则只需要进行数量的增加，如果不存在，将当前商品、商品详情以及数量插入到购物车表中，操作完成后，需将商品详情表中对应的库存减少(为降低确认订单时操作难度，所以在加入购物车就将库存数量减少，读者自行完成时也可以在确认订单时再减少库存)，具体实现如下。

【**CartController.js**】商品购买操作。

```
let db=require("../commons/db")
let JSONResponse=require("../commons/JSONResponse")
exports.addCart=(req,resp)=>{
    let data=req.body
    db.queryOne("select * from cart where product_id=? and detail_id=? and user_id
=?",data.productId,data.detailId,data.userId)
    .then(cart=>{
        //前端有库存判断,这里就不作判断,否则就是回调地狱
        let now=new Date()
        if(cart)
```

```
        db.update("update cart set quantity=quantity+?,update_time=? where id=?",
data.quantity,now,cart.id)
        .then(res=>{
            if(! res.affectedRows){
                resp.json(JSONResponse.fail("添加购物车失败",500))
                return
            }
            //减少库存
             db.update ("update product_detail set stock = stock -?, update_time =?
where id=?",data.quantity,now,data.detailId)
            .then(res=>{
                if(res.affectedRows)
                resp.json(JSONResponse.success(null,200,"添加购物车成功"))
                //事务回滚
                else
                resp.json(JSONResponse.fail("添加购物车失败",500))
            })
        })
        //否则就是插入新数据
        else
        db.update("insert into cart(quantity,checked,product_id,detail_id,user_id,
create_time,update_time)values(?,?,?,?,?,?,?)",
        data.quantity,true,data.productId,data.detailId,data.userId,now,now)
        .then(res=>{
            if(! res.affectedRows){
                resp.json(JSONResponse.fail("添加购物车失败",500))
                return
            }
            //减少库存
             db.update ("update product_detail set stock = stock -?, update_time =?
where id=?",data.quantity,now,data.detailId)
            .then(res=>{
                if(res.affectedRows)
                resp.json(JSONResponse.success(null,200,"添加购物车成功"))
                //事务回滚
                else
                resp.json(JSONResponse.fail("添加购物车失败",500))
            })
        })
    })
}
```

购物车表中是以商品 id 和商品详情 id 作为外键关联的，所以查询时涉及商品表和商品详情表，另外需要根据 checked 的值判断当前商品是否勾选，具体实现如下。

【CartController.js】商品购买操作。

```
exports.listByUserId=(req,resp)=>{
    let userId=req.session.user.id
    if(! userId){
        resp.json(JSONResponse.fail("不能没有用户 id",401))
        return
    }
    let checked=req.query.checked
    let sql="select *  from cart main left join product product on main.product_id=prod-
uct.id left join product_detail detail on detail.id=main.detail_id where user_id=?"
    if(checked)sql+="and checked=?"
    db.joinQuery(sql,false,false,userId,checked ? 1:0)
    .then(res=>{
        //给每个元素加成 checked 属性,前端复选框要用
        res.forEach(e=>{
            e.checked=e.checked ? true:false
        })
        resp.json(JSONResponse.success(res))
    })
    .catch(error=>{
        console.log(error)
    })
}
```

删除购物车中的商品只需要根据购物车 id 在购物车表中删除对应的数据，但是需要注意的是，在加入购物车时将商品详情表中的库存减少了，所以购物车中数据删除，商品详情表中的库存相对应的要增加，具体实现如下。

【CartController. js】商品购买操作。

```
exports.deleteById=(req,resp)=>{
    let cartId=req.body.id
    db.queryOne("select *  from cart where id=?",cartId)
    .then(cart=>{
        db.update("update product_detail set stock=stock+?,update_time=? where id
=?",cart.quantity,new Date(),cart.detailId)
        .then(res=>{
            if(res.affectedRows)
            db.update("delete from cart where id=?",cartId)
            .then(res=>{
                if(res.affectedRows)resp.json(JSONResponse.success(null,200,"删除
成功"))
                else resp.json(JSONResponse.fail("删除失败",500))
            })
            else resp.json(JSONResponse.fail("删除失败",500))
        })
    })
}
```

修改商品选中状态其实就是去修改 checked 属性的值，具体实现如下：

【CartController.js】商品购买操作。

```
exports.changeChecked=(req,resp)=>{
    let userId=req.session.user.id
    let checked=req.body.checked
    let cartId=req.body.cartId
    let sql="update cart set checked=? where user_id=?"
    if(cartId)sql+="and id=?"
    db.update(sql,checked,userId,cartId)
    .then(res=>{
        if(res.affectedRows)resp.json(JSONResponse.success(null,200,"更新选中状态
成功"))
        else resp.json(JSONResponse.fail("更新选中状态失败",500))
    })
}
```

因为在前面加入购物车操作的时候相对应地减少了库存，所以在购物车中修改商品数量时也需要相对应地增加/减少库存，具体实现如下。

【CartController.js】商品购买操作。

```
exports.changeQuantity=(req,resp)=>{
    let userId=req.session.user.id
    let quantity=req.body.quantity
    let cartId=req.body.cartId
    db.queryOne("select *  from cart where id=?",cartId)
    .then(cart=>{
        if(! cart){
            resp.json(JSONResponse.fail("购物车不存在",400))
            return
        }
        db.queryOne("select *  from product_detail where id=?",cart.detailId)
        .then(productDeatil=>{
            if(! productDeatil){
                resp.json(JSONResponse.fail("商品不存在",400))
                return
            }
            //验证库存,小于 0 则减少数量,增加库存;
            //大于 0 增加数量,减少库存,仅需要在减少库存的时候,验证库存即可
            if (quantity - cart.quantity  > 0  && productDeatil.stock < quantity -
cart.quantity){
                resp.json(JSONResponse.fail("库存不足",400,cart.quantity))
                return
            }
            db.update("update cart set quantity=? where user_id=? and id=?",quan-
tity,userId,cartId)
            .then(res=>{
```

```
                if(! res.affectedRows){
                    resp.json(JSONResponse.fail("更新数量失败",500))
                    return
                }
                //更新库存
                db.update("update product_detail set stock=stock+? where id=?",
                cart.quantity-quantity,productDeatil.id)
                .then(res=>{
                    if(res.affectedRows)resp.json(JSONResponse.success(null,200,"
更新数量成功"))
                    else resp.json(JSONResponse.fail("更新数量失败",500))
                })
            })
        })
    })
}
```

8.5.7 收货地址操作

本项目中收货地址操作只有获取地址列表，在 routes 文件夹下新建 ContactRouter. js，完成收货地址操作路由设计，App. js 中导入并挂载此路由，具体实现如下。

【App. js】项目入口文件。

```
let contactRouter=require("./routes/ContactRouter")
app.use('/${settings.REQUEST_PREFIX}/contact',contactRouter)
```

【ContactRouter. js】收货地址操作路由。

```
let express=require('express')
let router=express.Router()
let contaceController=require("../controllers/ContactController")
router.get("/list",contaceController.listByUserId)
module.exports=router
```

在 controllers 文件夹下新建 ContactController. js 文件，完成获取地址列表业务处理，具体实现如下。

【ContactController. js】收货地址操作。

```
let db=require("../commons/db")
let JSONResponse=require("../commons/JSONResponse")
exports.listByUserId=(req,reps)=>{
    let userId=req.session.user.id
    if(! userId){
        reps.json(JSONResponse.fail("必须要有用户 id"))
        return
    }
    db.query("select *  from contact where user_id=?",userId)
    .then(contants=>{
```

```
        reps.json(JSONResponse.success(contants))
    })
}
```

8.5.8　订单操作

订单操作中涉及“提交订单”“确认支付”以及“查看订单”，在 routes 文件夹下新建 OrderRouter.js，完成订单操作路由设计，App.js 中导入并挂载此路由，具体实现如下。

【App.js】项目入口文件。

```
let orderRouter=require("./routes/OrderRouter")
app.use('/${settings.REQUEST_PREFIX}/order',orderRouter)
```

【OrderRouter.js】订单操作路由。

```
let express=require('express')
let router=express.Router()
let orderController=require("../controllers/OrderController")
router.post("/buy",orderController.buy)
router.post("/pay",orderController.pay)
router.get("/list",orderController.list)
module.exports=router
```

在 controllers 文件夹下新建 OrderController.js 文件，完成订单操作业务处理。

提交订单是一个比较复杂的业务处理，首先一个订单中可能有多种商品，所以在数据表设计的时候既有订单表又有订单详情表，通过订单表 id 作为外键关联，将数据插入到订单表和订单详情表中后，还需要将对应的数据从购物车表中删除，具体实现如下。

【OrderController.js】订单操作。

```
let db=require("../commons/db")
let JSONResponse=require("../commons/JSONResponse")
let moment=require("moment")

function getDetailById(id,details){
    for(let detail of details)
    if(detail.id==id)return detail
    return
}

exports.buy=(req,resp)=>{
    let contactId=req.body.contactId
    let products=req.body.products
    let userId=req.session.user.id
    let productDetailIds=new Array()
    let queryProductDetailsSQL="select *  from product_detail where id in"
    //生成动态 sql
    queryProductDetailsSQL+="("
    for(let p of products){
```

```
        queryProductDetailsSQL+=' ${p.detailId},'
        productDetailIds.push(p.detailId)
    }
    //删除最后一个逗号
    queryProductDetailsSQL = queryProductDetailsSQL.substring (0, queryProductDetailsSQL.length-2)
    queryProductDetailsSQL+=")"
    //查询
    db.query(queryProductDetailsSQL,productDetailIds)
    .then(details=>{
        //计算价格
        let totalPrice=0
        for(let p of products){
            let tmpDetail=getDetailById(p.detailId,details)
            totalPrice+=p.quantity * tmpDetail.salePrice
        }
        //保留两位小数
        totalPrice=totalPrice.toFixed(2)
        //价格已经计算完毕,生成订单
        let now=new Date()
        let orderId=' ${now.getFullYear()} ${now.getMonth()+
            1} ${ now.getDate ( )} ${ now.getHours ( )} ${ now.getMinutes ( )} ${now.getSeconds()} ${now.getMilliseconds()}'
        db.update ("insert into'order' values (?,?,?,?,?,?,?)",orderId,totalPrice,false,now,now,contactId,userId)
        .then(insertOrderRes=>{
            //非0为真,则插入成功
            if(! insertOrderRes.affectedRows){
                resp.json(JSONResponse.fail("生成订单失败",500))
                return
            }
            //插入订单详情数据
            let currentTimeString = moment (new Date ()).format ("YYYY-MM-DD HH:mm:ss")
            let insertOrderDetailSQL ="insert into order_detail (quantity,create_time,update_time,order_id,product_id,detail_id)values"
            for(let p of products)  {
                insertOrderDetailSQL+="("
                insertOrderDetailSQL+=' ${p.quantity}," ${currentTimeString}"," ${currentTimeString}", ${orderId}, ${p.productId}, ${p.detailId}'
                insertOrderDetailSQL+="),"
            }
            insertOrderDetailSQL=insertOrderDetailSQL.substring(0,insertOrderDetailSQL.length-1)
            db.update(insertOrderDetailSQL)
            .then(insertOrderDetailRes=>{
```

```
            if(! insertOrderDetailRes.affectedRows){
                resp.json(JSONResponse.fail("生成订单失败",500))
                return
            }
            //删除购物车中的数据
            let deleteCartSQL="delete from cart where id in"
            deleteCartSQL+="("
            for(let p of products)
            deleteCartSQL+=' ${p.cartId},'
            deleteCartSQL=deleteCartSQL.substring(0,deleteCartSQL.length-2)
            deleteCartSQL+=")"
            db.update(deleteCartSQL)
            .then(deleteCartRes=>{
                if(! deleteCartRes.affectedRows){
                    resp.json(JSONResponse.fail("删除购物车信息失败",500))
                    return
                }
                resp.json(JSONResponse.success(orderId,200,"生成订单成功"))
            })
            .catch(error=>{
                console.log(error)
                resp.json(JSONResponse.fail("删除购物车信息失败",500))
            })
        })
        .catch(error=>{
            console.log(error)
            resp.json(JSONResponse.fail("生成订单信息失败",500))
        })
    })
    .catch(error=>{
        console.log(error)
        resp.json(JSONResponse.fail("生成订单失败",500))
    })
  })
}
```

提交订单后，会弹出“确认付款”的提示框，在生成订单时，“是否支付”选项默认为 false 即未支付，所以如果在此环节用户点击了“立即支付”那么需要将支付状态改为 true，在 OrderController. js 添加修改支付状态的处理，具体实现如下。

【OrderController. js】订单操作。

```
exports.pay=(req,resp)=>{
    let userId=req.session.user.id
    let orderId=req.body.id
    db.update("update'order'set paid=true where id=? and user_id=?",orderId,userId)
    .then(res=>{
```

```
        if(res.affectedRows)resp.json(JSONResponse.success(null,200,"支付成功"))
        else resp.json(JSONResponse.fail("支付失败",500))
    })
}
```

个人订单页主要是将订单数据查询出来，查询时涉及订单表和订单详情表，具体实现如下。

【OrderController.js】订单操作。

```
exports.list=(req,resp)=>{
    let userId=req.session.user.id
    db.joinQuery("select * from'order'main left join order_detail details on
main.id=details.order_id left join contact contact on main.contact_id=contact.id
where main.user_id=?",
    false,false,userId)
    .then(orders=>{
        orders.forEach(e=>{
            //moment 将日期格式化为指定格式
            e.createTime=moment(e.createTime).format("YYYY-MM-DD HH:mm:ss")
            if(! Array.isArray(e.details)){
                e.details=new Array(e.details)
            }
        })
        resp.json(JSONResponse.success(orders))
    })
}
```

至此，前端所需数据接口已全部完成。

8.6 本章总结

本章通过网上商城项目，对前面所学的内容进行了综合练习，为了提高项目的实战性，采取了前后端分离的方式，利用 API 数据接口进行数据交互，由前端负责页面呈现的逻辑代码，后端负责数据的处理，通过本章的学习，读者可以将所学知识应用到实际项目中。

一、选择题

1. 下列选项中，（　　）指令可用来切换元素的可见状态。

A. v-show　　B. v-hide　　C. v-toggle　　D. v-slideHide

2. 以下代码<div id="app">{{message.split('').reverse().join('')}}</div><script>new Vue({el:'#app', data:{message:'hello'}})</script>；页面中展示的结果为（　　）。

A. hello　　B. hel　　C. llo　　D. olleh

3. 执行下列代码 new Vue({data:{a:1, b:2}, created:function(){console.log(this.a)}, mounted(){console.log(this.b)}})；最后打印结果为（　　）。

A. 1　　B. 1，1　　C. 1，2　　D. 2，2

4. 以下选项中不属于 vuex 中的属性的是(　　)。

A. state　　B. getters　　C. actions　　D. init

5. 下列选项中，获取动态路由{path：'/user/：id'}中 id 的值正确的是(　　)。

A. this. $ route. params. id　　B. this. route. params. id

C. this. $ router. params. id　　D. this. router. params. id

6. 下列选项中，不可以进行路由跳转的是(　　)。

A. push( )　　B. replace( )　　C. jump( )　　D. route-link

二、判断题

1. src/router. js 目录用于存放路由文件。(　　)

2. 单文件组件 . Vue 中，样式部分 style 中加入 scoped 的作用是只在当前组件中生效。(　　)

3. Vue. component( )方法用于全局注册组件。(　　)

4. beforeMount 钩子函数用于在页面挂载成功之后执行。(　　)

5. 在 vue 项目中，通常使用的是 axios 库，和后台交互获取数据。(　　)

6. 一个完整的项目分为前端和后端两部分，后端项目用于提供 API 进行数据交互。(　　)

7. query 方式传递参数，使用 path 属性给定对应的跳转路径(类似于 GET 请求)，在页面跳转的时候，不能在地址栏看到请求参数。(　　)

8. 全局注册组件时，组件内部具有自己的独立作用域，不能直接被外部访问。(　　)

9. 通过 this. $ store. state. * 可以访问 state 中的数据。(　　)

10. <router-link to="/user"></router-link>这里的“/user”是在全局配置对象中配置的 path 值。(　　)

三、简答题

1. 请简单列举一个项目从开始到上线的开发流程需要的步骤。

2. 请简述在“网上商城”中使用的常用指令。

拓展实训

1. 在图 8-26 所示页面中，点击“修改”链接可以修改对应的地址信息。

2. 在图 8-26 所示页面中，点击“删除”链接可以删除对应的地址信息。

收获地址

张三　学校 176XXXXXXXX 湖南省长沙市天心区xxx路xxx号	李四　学校 181XXXXXXXX 北京市朝阳区xxx路xxx号 删除　修改	王五　学校 136XXXXXXXX 四川省成都市双流区xxx路xxx号

图 8-26　地址列表渲染

参考文献

[1] 梁灏 . Vue. js 实战[M]. 北京：清华大学出版社，2017 年 .
[2] 黑马程序员 . Vue. js 前端开发实战[M]. 北京：人民邮电出版社，2020 年 .
[3] 张帆 . Vue. js 项目开发实战[M]. 北京：机械工业出版社，2018 年 .
[4] 张旭. Node. js+Express+Vue. js 项目开发实战[M]. 北京：机械工业出版社，2020 年 .
[5] 邹琼俊 . Vue. js 2. x 实践指南[M]. 北京：清华大学出版社，2020 年 .
[6] 刘博文. 深入浅出 Vue. js [M]. 北京：人民邮电出版社，2019 年 .
[7] Erik Hanchett. Vue. js 开发实战[M]. 任强，邓龚达，译 . 2019 年 .
[8] Olga Filipova. Learning Vue. js 2 [M]. Packt Publishin. 2016 年 .